乡村振兴战略之乡村人才振兴

钢筋工

◎卢 勇 主编

中国农业科学技术出版社

图书在版编目（CIP）数据

钢筋工／卢勇主编．—北京：中国农业科学技术出版社，2018.9
（乡村振兴战略实践丛书）
ISBN 978-7-5116-3861-8

Ⅰ.①钢…　Ⅱ.①卢…　Ⅲ.①配筋工程-基本知识　Ⅳ.①TU755.3

中国版本图书馆 CIP 数据核字（2018）第 198978 号

责任编辑	徐　毅
责任校对	马广洋

出 版 者	中国农业科学技术出版社
	北京市中关村南大街 12 号　邮编：100081
电　　话	（010）82106631（编辑室）　　（010）82109702（发行部）
	（010）82109709（读者服务部）
传　　真	（010）82106631
网　　址	http://www.CASTP.cn
经 销 者	各地新华书店
印 刷 者	北京建宏印刷有限公司
开　　本	850 mm×1 168 mm　1/32
印　　张	4.375
字　　数	120 千字
版　　次	2018 年 9 月第 1 版　2019 年 8 月第 3 次印刷
定　　价	18.00 元

《钢 筋 工》
编 委 会

主 编：卢 勇

副主编：田 雷 刘 保 王 津

前　言

随着社会的发展和建筑行业的新常态，建筑市场技能型人才受到越来越多企业青睐。在国家提倡多层次办学以及技能型人才实际需要的情况下，编写了本书。

本书共分 7 章。内容包括钢筋工基础知识；工程识图；施工准备；钢筋加工；钢筋机械连接、焊接连接；钢筋的绑扎与安装；钢筋质量检查与事故预防。

本书主要特点如下。

(1) 本书系统地介绍了钢筋工人应了解的知识要点和操作方法，结合现场丰富的实践经验，以图文并茂的形式展现理论和实践，让初学者快速入门，学而不厌，很快掌握现场施工技术要点。

(2) 本书精选施工现场常用的、重要的施工工艺等知识点。严格遵守现行标准规范和图集要求，为工艺各环节提供规范化质控标准。

(3) 注重培养应用型实践人才，为建筑行业注入活力，提高人员操作水平，提高建筑施工质量，让其在建筑行业的从业者中脱颖而出，成为技术高手。

由于编者水平有限，书中难免有不妥之处，欢迎广大读者批评指正。

编　者

2018 年 6 月

目　　录

第一章　钢筋工基础知识

第一节　职业介绍

钢筋工是指使用工具及机械，对钢筋进行除锈、调直、连接、切断、成型、骨架安装的人员。该职业共设 4 个等级，分别为初级（国家职业资格五级）、中级（国家职业资格四级）、高级（国家职业资格三级）、技师（国家职业资格二级）。该职业要求从业者手指、手臂灵活，具有较好的身体素质。

一、职称鉴定

1. 适用对象

适用对象为从事或准备从事该职业的人员。

2. 申报条件

（1）初级（具备以下条件之一者）。

①经该职业初级正规培训达规定标准学时数，并取得毕（结）业证书。

②该职业学徒期满。

③在该职业连续见习工作 2 年以上。

（2）中级（具备以下条件之一者）。

①取得该职业初级职业资格证书后，连续从事该职业工作 3 年以上，经该职业中级正规培训达规定标准学时数，并取得毕（结）业证书。

②取得该职业初级职业资格证书后，连续从事该职业工作 5 年以上。

③连续从事该职业工作 6 年以上。

④取得经劳动保障行政部门审核认定的、以中级技能为培养目标的中等以上职业学校该职业（专业）毕业证书。

（3）高级（具备以下条件之一者）。

①取得该职业中级职业资格证书后，连续从事该职业工作 4 年以上，经该职业高级正规培训达规定标准学时数，并取得毕（结）业证书。

②取得该职业中级职业资格证书后，连续从事该职业工作 7 年以上。

③取得高级技工学校或经劳动保障行政部门审核认定的、以高级技能为培养目标的高等职业学校该职业（专业）毕业证书。

（4）技师（具备以下条件之一者）。

①取得该职业高级职业资格证书后，连续从事该职业工作 5 年以上，经该职业技师正规培训达规定标准学时数，并取得毕（结）业证书。

②取得该职业高级职业资格证书后，连续从事该职业工作 7 年以上。

③取得该职业高级职业资格证书的高级技工学校毕业生，连续从事该职业工作 2 年以上。

3．鉴定方式

鉴定方式分为理论知识考试和技能操作考核。理论知识考试采用闭卷笔试方式，技能操作考核采用实际操作方式。理论知识考试和技能操作考核均实行百分制，成绩皆达 60 分及以上者为合格。技师还须进行综合评审。

4. 考评人员与考生配比

理论知识考试考评人员与考生的配比为 1 : 20，每个标准教室不少于 2 名考评员；技能操作考核考评员与考生的配比为 1 : 5，且不少于 3 名考评员。综合评审不少于 5 人。

5. 鉴定时间

各等级的理论知识考试时间均为 45~120 分钟，技能操作考核时间为 60~150 分钟。综合评审不少于 30 分钟。

6. 鉴定场所设备

理论知识考试在标准教室进行；技能操作考核在具有钢筋加工、安装所需的工具和设备的场所中进行。

二、职业守则

（1）热爱本职工作、忠于职守。
（2）遵章守纪、安全生产。
（3）尊师爱徒、团结互助。
（4）勤俭节约、关心企业。
（5）钻研技术、勇于创新。

三、基础知识

1. 识图知识
（1）识图和建筑构造的基本知识。
（2）识读钢筋混凝土结构图例符号。
（3）常规钢筋混凝土构件的钢筋结构施工图。

2. 钢筋常识
（1）品种、性能、规格、型号知识。
（2）验收与保管知识。

3. 常用钢筋加工的机具使用和保养知识

4. 建筑力学和钢筋混凝土结构常识

5. 安全生产知识

6. 相关法律、法规知识

（1）建筑法的相关知识。

（2）劳动法的相关知识。

四、工作内容

（1）对钢筋进行分类、标号、堆放。

（2）验收钢筋，并进行性能检测。

（3）操作机具，对钢筋进行除锈、调直、连接、切断、成型。

（4）进行钢筋冷拉。

（5）焊接钢筋。

（6）绑扎、安装钢筋，拼装钢筋骨架。

（7）填写钢筋配料单、加工表。

第二节　初级钢筋工职业技能标准

一、知识要求（应知）

（1）识图和房屋构造的基本知识，能看懂钢筋混凝土分部分项施工图、钢筋配料单和钢筋试验报告单。

（2）钢筋的品级、规格、性能、技术质量要求。

（3）本职业常用工具、设备的种类、性能、用途和维护方法。

（4）钢筋配制、绑扎的操作程序以及搭接、弯钩倍数的规定和受弯后的延伸长度。

（5）绑扎和点焊的操作方法与要求，主、次筋的绑扎次序和有关规定。

（6）钢筋在一般混凝土结构中的作用，钢筋保护层厚度、接头部位的知识。

（7）钢筋冷加工的作用及操作方法。

（8）钢筋连接的常识和连接接头的规定。

（9）较大的钢筋骨架搬运就位的知识。

（10）本职业安全技术操作规程/施工验收规范和质量评定标准。

二、操作要求（应会）

（1）按照钢筋品级、规格的有关规定和技术要求，进行运输装卸和堆放保管。

（2）钢筋的除锈、平直、下料、切断、弯曲，配制一般弓形铁和套箍。

（3）按施工大样图或配料单，绑扎一般的基础、梁、板、墙、柱和楼梯的钢筋。按规定旋转垫块、骨架支撑和修复钢筋在混凝土浇捣过程中的一般缺陷（如移位、变形）。

（4）钢筋冷加工操作和质量检测。

（5）本职业常用机具的使用和保养以及安全防护设置。

第三节　施工安全与劳动保护

一、一般施工危险常识预知训练

（1）进入施工区域的人员要戴好安全帽，并且要系好安全帽的带子。防止高处坠落物体砸在头部或其他物体碰触头部造成伤害。

（2）施工区域杂物多，光脚、穿拖鞋容易扎破脚，且行走不方便，容易摔倒，因此，施工区禁止光脚、穿拖鞋、高跟鞋或带钉易滑鞋。

（3）施工现场一切安全设施不要擅自拆改。防止因没有安全设施而发生伤亡事故。

（4）非本工种职工禁止乱摸、乱动各类机械电气设备，不要在起重机械吊物下停留，以防止机械伤害、触电事故及物体打击事故。在楼层卸料平台上，禁止把头伸入井架内或在外用电梯楼层平台处张望，以防止吊笼切人事故。

（5）施工现场要注意车辆，不要钻到车辆下休息，以防止车辆轧人。

（6）注意楼内各种孔洞，上脚手架注意探头板、孔洞及周边防护，以防止高处坠落。

（7）高处作业时，严禁向下扔任何物体，以防止砸伤下方人员。

（8）进入现场禁止打闹；严禁酒后操作，以防止意外事故。

二、钢筋工工种危险预知训练

（1）拉直盘条钢筋应单根拉。几根一起拉时，容易产生一根已被拉断，而其他根尚未拉直的问题。盘条钢筋拉断将会产生很大的反弹力，容易伤人。拉钢筋时要用卡头把钢筋卡牢，地锚要牢固。否则在拉钢筋当中，钢筋从卡头脱出或地锚被拉出，也将产生很大的反弹力，容易发生事故。拉筋沿线应设禁区，防止意外伤人。

（2）人工绞磨拉直盘条，要用手推，动作要协调一致，注意脚下磕绊物。松解时要缓慢，不准撒手松开，防止推杆突然快速倒转打伤人。绞磨要设有防回转安全装置（安全棘轮）。否则，不准使用。

（3）切断圆盘钢筋时要先固定住钢筋，防止钢筋回弹伤人。

（4）绑扎钢筋不要站在钢筋柱下绑扎，应站在操作架上。

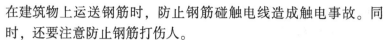

在建筑物上运送钢筋时，防止钢筋碰触电线造成触电事故。同时，还要注意防止钢筋打伤人。

（5）用切断机断料时，手与刀口距离应不小于 15cm。操作时要集中注意力，切断短钢筋长度不应小于 40cm，不要用手直接送料，应用套管或钳子夹料，以防伤手。另外，要随时清除切掉的短小钢筋头，防止伤人。

三、劳动保护知识

1. 基本要求

（1）从事有毒、有害作业的工人要定期进行体检，并配备必要的劳动保护用品。

（2）对可能存在毒物危害的现场应按规定采取防护措施，防护设施要安全有效。

（3）患有皮肤病、眼结膜病、外伤及有过敏反应者，不得从事有毒物危害的作业。

（4）按规定使用防护用品，加强个人防护。

（5）不得在有毒物危害作业的场所内吸烟、吃食物，饭前班后必须洗手、漱口。

（6）应避免疲劳作业、带病作业以及其他与作业者的身体条件不适合的作业，注意劳逸结合。

（7）搞好工地卫生，加强工地食堂的卫生管理，严防食物中毒。

（8）作业场所应通风良好，可视情况和作业需要分别采用自然通风和局部机械通风。

（9）凡有职业性接触毒物的作业场所，必须采取措施限制毒物浓度符合国家规定标准。

（10）有害作业场所，每天应搞好场内清洁卫生。

（11）当作业场所有害毒物的浓度超过国家规定标准时，应立即停止工作并报告上级处理。

2. 施工现场粉尘防护措施

（1）混凝土搅拌站、木加工、金属切削加工、锅炉房等产生粉尘的场所，必须装置除尘器或吸尘罩，将尘粒捕捉后送到储仓内或经过净化后排放，以减少对大气的污染。

（2）施工和作业现场应经常洒水，工完场清，采取有效降尘措施，控制和减少灰尘飞扬。

（3）采取综合防尘措施或降尘的新技术、新工艺、新设备，使作业场所的粉尘浓度不超过国家的卫生标准。

3. 施工现场噪声防护措施

（1）施工现场的噪声应严格控制在国家规定的噪声标准之内。

（2）改革工艺和选用低噪声设备，控制和减弱噪声源。

（3）采取各种有效的消声、吸声措施，如装设消声器、采用吸声材料和结构等，努力降低施工噪声。

（4）采取隔声措施，把发声的物体和场所封闭起来，如采用隔声棚等降低诸如电锯作业等的噪声强度。

（5）采用隔振措施，装设减振器或设置减振垫层，减轻振源声及其传播；采用阻尼措施，用一些内耗损、内摩擦大的材料涂在金属薄板上，减少其辐射噪声的能量。

（6）做好个人防护，戴耳塞、耳罩、头盔等防噪声用品。

（7）定期进行体检，发现问题及时采取措施。

四、工伤保险及意外伤害保险

1. 工伤保险

国务院令第 375 号颁布的《工伤保险条例》规定如下。

（1）中华人民共和国境内的各类企业、有雇工的个体工商户（以下称用人单位）应当依照本条例规定参加工伤保险，为单位全部职工或者雇工（以下称职工）缴纳工伤保险费。

（2）中华人民共和国境内的各类企业的职工和个体工商户的雇工，均有依照本条例的规定享有工伤保险待遇的权利。

（3）用人单位应当按时缴纳工伤保险费。职工个人不缴纳工伤保险费。

用人单位缴纳工伤保险费的数额为本单位职工工资总额乘以单位缴费费率之积。

2. 意外伤害保险

根据《中华人民共和国建筑法》第四十八条、《建设工程安全生产管理条例》第三十八条规定，建筑施工单位应当为施工现场从事危险作业的人员办理意外伤害保险。建筑职工意外伤害保险是法定的强制性保险，也是保护建筑业从业人员合法权益，转移企业事故风险，增强企业预防和控制事故能力，促进企业安全生产的重要手段。

《北京市实施建设工程施工人员意外伤害保险办法（试行）》（以下简称《办法》）的主要规定如下。

（1）项目开工前必须先给施工作业人员和工程管理人员办理施工人员意外伤害保险。

《办法》自2004年8月1日起施行，凡在本市行政区域内从事建设工程新建、改建、扩建活动的建筑施工（含拆除）企业，都要为施工现场的施工作业人员和工程管理人员办理施工人员意外伤害保险。

建设单位必须在施工承包合同签订后7日内，将施工人员意外伤害保险费全额交付建筑施工企业。建筑施工企业必须及时办理施工人员意外伤害保险。

（2）投保期限与范围。

①建设工程施工人员意外伤害保险以工程项目或单项工程为单位进行投保。投保人为工程项目或单项工程的建筑施工总承包企业。

②施工人员意外伤害保险期限自建设工程开工之日起至竣工验收合格之日止。

③施工人员意外伤害保险范围是建筑施工企业在施工现场的施工作业人员和工程管理人员受到的意外伤害以及由于施工现场施工直接给其他人员造成的意外伤害。

（3）保险费用。

①施工人员意外伤害保险费用列入工程造价。

②施工人员意外伤害保险费实行差别费率：施工承包合同价在3 000万元以下（含3 000万元）的，1.2‰；施工承包合同价在3 000万元以上1亿元以下（含1亿元）的，0.8‰；施工承包合同价在1亿元以上的，0.6‰。

按上述费率计算施工人员意外伤害保险费低于300元的，应当按照300元计算。

③建设工程实行总分包的，分包单位施工人员意外伤害保险费包括在施工总承包合同中，不再另行计提。分包单位施工人员意外伤害保险投保理赔事项，统一由施工总承包单位办理。

（4）保险索赔

①发生意外伤害事项，建筑施工企业应当立即通知保险公司，积极办理相关索赔事宜。

②因意外伤害死亡的，每人赔付不得低于15万元。

③因意外伤害致残的，按照不低于下列标准赔付：

一级10万元，二级9万元，三级8万元，四级7万元，五级6万元，六级5万元，七级4万元，八级3万元，九级2万元，十级1万元。

伤残等级标准划分按照《职工工伤与职业病致残程度鉴定》（中华人民共和国国家标准GB/T 16180—1996）的规定执行。

意外伤害理赔事项确认后，保险公司应当直接向保险受益人及时赔付。

第二章　工程识图

第一节　施工图的分类

建筑施工图是一种能够准确表达建筑物的外形轮廓、大小尺寸、结构形式、构造方法和材料做法的图样。根据专业分工的不同，一套施工图根据专业分工的不同，可分为以下 3 种。

1. 建筑施工图（简称建施）

建筑施工图主要表达建筑物的外部形状、内部布置、装饰构造、施工要求等，一般由首页图、总平面图、建筑平面图、立面图、剖面图和建筑详图组成。

2. 结构施工图（简称结施）

结构施工图主要表达承重结构的构件类型、布置情况以及构造做法等，主要由结构设计总说明、基础平面图、基础详图、楼层及屋盖结构平面布置图、楼梯结构图和结构构件详图等组成。

3. 设备施工图（简称设施）

设备施工图主要表达房屋各专用管线和设备布置及构造等情况，由给水排水、采暖通风、电气照明等设备的平面布置图、系统图、详图和其说明等组成。

第二节　钢筋图的表示方法

一、常用构件代号

在结构施工图中，需要注明构件的名称时，常采用代号表示。常用构件代号用各构件名称的汉语拼音的第一个字母表示，表 2-1 是 GB/T 50105—2001《建筑结构制图标准》的规定，它是绘制施工图的依据，也是施工人员理解和实施施工图的依据。

表 2-1　常用构件代号

序号	名称	代号	序号	名称	代号
1	板	B	22	托架	TJ
2	屋面板	WB	23	天窗架	CJ
3	空心板	KB	24	框架	KJ
4	槽形板	CB	25	钢架	GJ
5	折板	ZB	26	支架	ZJ
6	密肋板	MB	27	柱	Z
7	楼梯板	TB	28	基础	J
8	盖板或沟盖板	GB	29	设备基础	SJ
9	挡雨板或檐口板	YB	30	桩	ZH
10	墙板	QB	31	柱间支撑	ZC
11	天沟板	TCB	32	垂直支撑	CC
12	梁	L	33	水平支撑	SC
13	屋面梁	WL	34	梯	T
14	吊车梁	DL	35	雨篷	YP
15	圈梁	QL	36	阳台	YT
16	过梁	GL	37	梁垫	LD
17	连系梁	LL	38	预埋件	M
18	基础梁	JL	39	天窗端墙	TD
19	楼梯梁	TL	40	钢筋网	W
20	檩条	LT	41	钢筋骨架	G
21	屋架	WJ			

二、常用钢筋符号

钢筋按其强度和品种分成不同的等级，并用不同的符号表示，一般采用下列符号表示。

Φ——Ⅰ级钢筋，HPB235；

Φ——Ⅱ级钢筋，HRB335；

Φ——Ⅲ级钢筋，HRB400。

三、一般钢筋图例

常用钢筋图例，如表2-2所示。

表2-2　常用钢筋图例

序号	名称	图例	说明
1	钢筋横断面		
2	无弯钩的钢筋端部		下图表示长、短钢筋投影重叠时，短钢筋的端部用45°斜画线表示
3	带半圆弯钩的钢筋端部		
4	带直钩的钢筋端部		
5	带丝扣的钢筋端部		
6	无弯钩的钢筋搭接		
7	带半圆弯钩的钢筋搭接		

（续表）

序号	名称	图例	说明
8	带直钩的钢筋搭接		
9	花篮螺钉钢筋接头		
10	机械连接的钢筋接头		用文字说明机械连接的方式（或冷挤压或锥螺纹等）

四、钢筋的名称

配置在混凝土构件中的钢筋，按其作用和位置不同可分为以下几种，如图 2-1 所示。

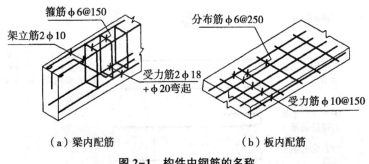

（a）梁内配筋　　　　　（b）板内配筋

图 2-1　构件中钢筋的名称

（1）受力筋。它是根据结构计算确定的主要受力钢筋。配置在受拉区的称为受拉钢筋，配置在受压区的称为受压钢筋。

（2）箍筋。大多用于柱、梁中，主要承受剪切力和扭矩作用，并通过绑扎或焊接与其他钢筋一起形成钢筋骨架。

（3）架立筋。在梁内与受力筋、箍筋一起共同形成梁的钢筋骨架。受压区配置的纵向受压钢筋可兼做架立筋。

（4）分布筋。用于板内，其方向与板内受力筋垂直，并固定受力筋的位置。

（5）构造筋。因构造和施工的需要在构件内设置的钢筋，如预埋锚固筋、腰筋、吊环等。

五、钢筋的标注

钢筋的直径、根数及相邻钢筋中心距在施工图中一般采用引出线方式标注，其标注形式有下面2种。

（1）标注钢筋的根数和直径。如柱的纵向钢筋、梁的受力筋和架立筋等。

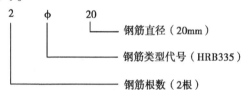

（2）标注钢筋的直径和相邻钢筋的中心间距。如柱的箍筋、梁的箍筋、板内钢筋、墙内钢筋等。

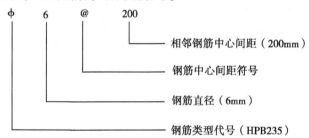

六、钢筋混凝土构件详图的表示方法

钢筋混凝土构件详图一般包括模板图、配筋图及钢筋表。

模板图也称外形图，较复杂的构件绘制模板图便于模板的制作和安装。配筋图包括立面图、断面图和钢筋详图，主要表示构件内部各种钢筋的位置、直径、形状和数量等。对于较复杂的钢筋混凝土构件，构件详图中列有钢筋表，以计算钢筋用量。

现实中，我们只能看见钢筋混凝土构件的外形，构件内部配置的钢筋是看不见的。为了清楚地表示构件内部配置钢筋的情况，我们假想混凝土为透明体，这样构件中的钢筋在施工图中就可以绘制出来，绘有钢筋的构件详图称为构件的配筋图。在配筋图中，为了突出钢筋的配置情况，建筑结构制图中规定，把钢筋画成中粗实线，构件的外形轮廓线画成细实线，构件断面图中钢筋的截面画成黑圆点，如图2-3、图2-6所示。

为了避免构件内的钢筋发生混乱，方便看图，构件中的钢筋都要统一编号，同一编号的钢筋，它的长度、形状、直径、级别等完全相同，在立面图和断面图中钢筋的编号要一致。

七、现浇钢筋混凝土构件平面整体表示方法

混凝土结构施工图平面整体表示方法（简称平法）是我国目前混凝土结构施工图设计表示方法的重大改革。平法的表达形式，概括来讲，是把结构构件的尺寸和配筋，按照平法制图规则，直接注明在各类构件的结构平面布置图上或相应的图表中，再与平法标准构造详图相结合，即构成一套完整的结构施工图。

在平面布置图上表示各构件尺寸和配筋的方式，有平面注写方式、列表注写方式和截面注写方式3种，例如，柱的平面整体表示法（简称柱平法）施工图可采用列表注写或截面注写方式，梁的平面整体表示法（简称梁平法）施工图可采用平面注写方式或截面注写方式。

按照平法设计绘制结构施工图时，应将所有柱、墙、梁构件进行编号，并用表格或其他方式注明各结构层楼（地）面标高、结构层高及相应的结构层号。例如，图2-6中左边的表"结构层楼面标高结构层高"所示，首层楼面的结构标高为−0.030m，

首层的结构层高为 4.5m；第六层楼面的结构标高为 19.470m。常见构件的代号如下。

（1）柱。

框架柱　　　　　　KZ

框肢柱　　　　　　KZZ

芯柱　　　　　　　XZ

梁上柱　　　　　　LZ

剪切力墙上柱　　　QZ

（2）梁。

楼层框架梁　　　　KL

屋面框架梁　　　　WKL

框支梁　　　　　　KZL

非框架梁　　　　　L

悬挑梁　　　　　　XL

井字梁　　　　　　JZL

八、保证钢筋与混凝土之间黏结作用的措施

钢筋和混凝土是两种不同性质的材料，在钢筋混凝土结构中之所以能共同工作，是因为钢筋表面与混凝土之间存在黏结力。在结构设计中，常常在材料选用和构造方面采取一些措施，以使钢筋和混凝土之间具有足够的黏结力。这些措施包括选择适当的混凝土强度等级、保证有足够的混凝土保护层厚度和钢筋间距、保证受力钢筋有足够的锚固长度、采用变形钢筋或在光面钢筋端部设置弯钩、钢筋绑扎接头保证有足够的搭接长度等。

（1）钢筋的锚固长度。在钢筋混凝土构件中，某根钢筋若要发挥它在某个截面的强度，则必须从该截面向前延伸一个长度，以借助该长度上钢筋与混凝土的黏结力把钢筋锚固在混凝土中，这一长度称为锚固长度，如图2-2所示。

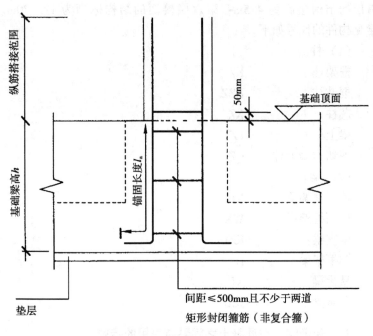

纵筋搭接范围

50mm

基础顶面

锚固长度l_a

基础梁高h

垫层

间距≤500mm且不少于两道

矩形封闭箍筋（非复合箍）

柱插筋锚固示例（基础梁底与基础板底在一个平面）

图2-2　锚固示例

（2）钢筋的接头。在施工中，常常会出现因钢筋长度不够而需要接长的情况。钢筋的连接形式有绑扎连接、焊接和机械连接。因多种原因，钢筋连接处是钢筋受力较薄弱的部位，所有钢筋连接的接头形式和搭接长度应满足规范规定的要求，钢筋搭接范围内的箍筋也应按规定采用较小的箍筋间距，如图2-3所示。

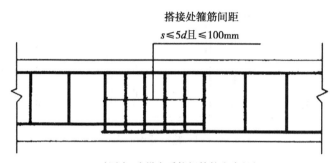

搭接处箍筋间距

$s \leqslant 5d$ 且 $\leqslant 100mm$

（图中d为纵向受拉钢筋较小直径）

图2-3 受拉钢筋搭接处箍筋设置

第三节 钢筋混凝土构件详图的识读

一、柱钢筋图的识读

1. 一般规定

钢筋混凝土柱是受压构件，它承受梁传递过来的荷载，并将荷载传递给柱下的基础。矩形截面的柱便于模板制作，有特殊要求时，也采用其他形式的截面，如圆形、T形、L形等。施工图中常用$b \times h$表示矩形柱的截面尺寸，其中，b值表示水平方向的截面宽，h值表示竖直方向的截面高。

钢筋混凝土柱内设置有纵向受力钢筋和箍筋，纵向受力钢筋可以协助混凝土承受压力，减小构件尺寸，防止构件突然脆性破坏；箍筋保证纵向钢筋的位置正确，防止纵向钢筋压弯，因此，柱周边箍筋应做成封闭式。箍筋的弯钩形式有135°、180°、90°，如图2-4所示，柱箍筋末端应做成135°弯钩，弯钩端头直段长度应满足规定的值。

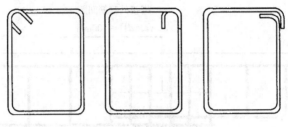

图2-4 箍筋弯钩形式

当柱截面较大或各边纵向钢筋较多时，应设置复合箍筋，以防止中间钢筋被压弯。图2-5所示为矩形箍筋的几种复合方式。

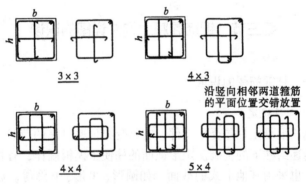

图2-5 矩形箍筋的复合方式示例

2. 柱平法施工图的识读

柱平法施工图可采用列表注写方式或截面注写方式表示。这里仅介绍柱平法施工图中的截面注写方式。

截面注写方式是在分标准层绘制的柱平面布置图上，分别在同一编号的柱中选择一个截面，并将此截面在原位放大，以便直接注写截面尺寸和配筋具体数值，如图2-6中的KZ1。下面以图2-6为例，说明采用截面注写方式表达柱平法施工图的内容。

从图 2-6 中柱的编号可知，LZ1 表示梁上柱，KZ1、KZ2 表示框架梁。

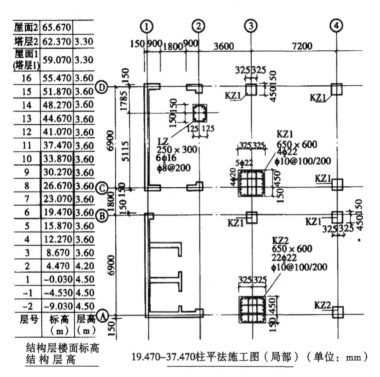

19.470–37.470柱平法施工图（局部）（单位：mm）

图 2-6　柱平法施工图截面注写方式示例

（1）LZ1 柱旁标注的含义。

LZ1——梁上柱，编号为 1。

250×300——柱 LZ1 的截面宽为 250mm，截面高为 300mm。

6 Φ 16——表示柱周边均匀对称布置 6 根直径为 16mm 的 Ⅱ级钢筋。

φ8@ 200——表示柱内箍筋为 8mm，Ⅰ 级钢筋，间距为 200m 均匀布置。

(2) KZ1 标注的含义。

KZ1——框架柱，编号为 1。

650×600——框架柱 KZ1 的截面宽为 650mm，截面高为 600mm。

4Φ22——在柱的四角布置的纵向受力钢筋为Ⅱ级钢筋，直径为 22mm。

φ10@100/200——表示柱内箍筋为 10mm，Ⅰ级钢筋，加密区的间距为 100mm，非加密区的间距为 200mm。箍筋形式为矩形复合箍 4×4。

5Φ22——表示柱截面 b 边中部布置的纵向受力钢筋为Ⅱ级钢筋，直径为 22mm，每一个 b 边均匀布置 5 根。

4Φ20——表示柱截面 h 边中部布置的纵向受力钢筋为Ⅱ级钢筋，直径为 20mm，每一个 h 边均匀布置 4 根。

二、梁钢筋图的识读

梁内钢筋根据钢筋所起的作用不同，有受力钢筋、弯起钢筋、箍筋、架立钢筋等。

配置在受拉区的纵向受力钢筋主要用来承受拉力，受压区的纵向受力钢筋则是用来补充混凝土受压能力的不足。

弯起钢筋在跨中是纵向受力钢筋的一部分，在靠近支座的弯起段则作为受剪钢筋的一部分。梁平法施工图表示中不配置弯起钢筋，其斜截面的抗剪由加密箍筋来承担。

箍筋可以承受剪切力、通过绑扎或焊接把其他钢筋联系在一起，形成钢筋骨架。箍筋的形式可分为开口式和封闭式 2 种，如图 2-7 所示。图 2-7 (a)、图 2-7 (b)、图 2-7 (c) 所示为封闭式箍筋，图 2-7 (d) 所示为开口箍筋，开口箍筋只能用于无振动荷载且计算不需要配置纵向受压钢筋的现浇 T 形梁的跨中部分，除此以外，均应采用封闭式箍筋。当梁的截面宽度尺寸较大

或纵向受压钢筋根数较多时，应采用复合箍筋，如图 2-7（c）所示。箍筋应有良好的锚固，其端部应采用135°弯钩，弯钩端头直段长度应满足规定的值。

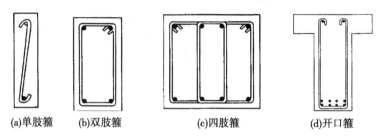

(a)单肢箍　　(b)双肢箍　　　　(c)四肢箍　　　　(d)开口箍

图 2-7　箍筋的形式和肢数

架立钢筋主要用来固定箍筋位置，以形成梁的钢筋骨架，并防止梁表面发生裂缝。架立钢筋一般设置在梁的受压区外缘两侧，并平行于纵向受力钢筋。受压区配置的纵向受压钢筋可兼做架立钢筋。

当梁的腹板高度 $h_w \geqslant 450mm$ 时，应在梁的两侧沿高度配置纵向构造钢筋及腰筋，并用拉筋固定，如图 2-8 所示。拉筋直径一般与箍筋相同，间距常取箍筋间距的两倍。

1. 用立面图、断面图表示的梁的钢筋图识读

如图 2-9 所示梁的配筋图，它是采用传统的立面图和断面图方法来表示的，这种表示配筋图的方法较为直观。梁钢筋图的识读方法如下。

（1）由配筋立面图识读钢筋的起止点及走向，由断面图判断纵筋的位置、直径、根数和箍筋的直径、间距等。

（2）结合立面图、断面图按钢筋编号顺序逐一进行，每一编号的纵向钢筋从其位置、直径、根数、级别、走向、有无弯钩等特征去识读；而箍筋则应明确其直径、间距。

根据上述方法，可以看出梁 L1 中配有下列钢筋。

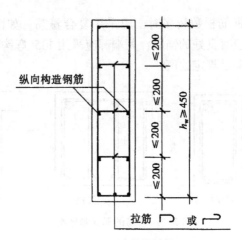

图 2-8 腰筋及拉筋

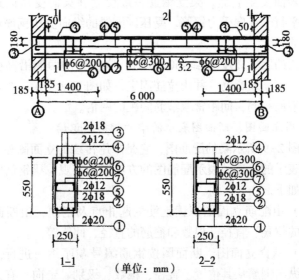

（单位：mm）

图 2-9 现浇钢筋混凝土梁 L1 配筋

①号筋：受拉钢筋，2根直径为20mm的Ⅱ级钢筋，布置在梁底部两侧。

②号筋：受拉钢筋，2根直径为18mm的Ⅱ级钢筋，布置在梁底部中间。

③号筋：梁支座上部纵筋，2根直径为18mm的Ⅱ级钢筋，布置在梁支座上部的中间，其长度为深入梁跨内1 400mm。

④号筋：架立钢筋，2根直径为12mm的Ⅱ级钢筋，布置在梁上部两侧。

⑤号筋：梁腰部侧向构造筋，2根直径为12mm的Ⅰ级钢筋，布置在梁中部两侧。

⑥号筋：闭口双肢箍筋，直径为6mm的Ⅰ级钢筋，距两侧支座1 400mm范围内间距为200mm，中部间距为300mm。

⑦号筋：拉结筋，直径6mm，间距与⑥号筋相同。

2. 梁平法施工图的识读

梁平法施工图是在梁平面布置图上采用平面注写方式或截面注写方式表示的施工图。这里仅介绍梁的平面注写方式。

平面注写方式是在梁平面布置图上，分别在不同编号的梁中各选一根梁，在其上注写截面尺寸和配筋具体数值。

平面注写包括集中标注和原位标注，集中标注表达梁的通用数值，原位标注表达梁的特殊数值。当集中标注中的某项数值不适用于梁的某部位时，则将该项数值原位标注，施工时，原位标注取值优先，如图2-10所示。

图2-11所示的4个梁截面是采用传统表示方法绘制的，用于对比按平面注写方式表达的同样内容。实际采用平面注写方式表达时，不需要绘制梁截面配筋图和图2-10中的相应截面号。

（1）梁的集中标注。梁的集中标注可从梁的任意跨引出，其内容包括下列5项必注值及一项选注值。

①梁编号，该项为必注值：它由梁类型代号、序号、跨数及

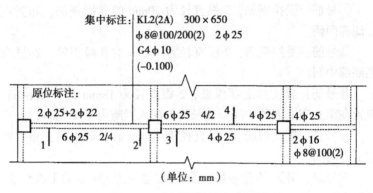

图 2-10　梁平面注写方式示例

有无悬挑代号几项组成，应符合表 2-3 的规定。

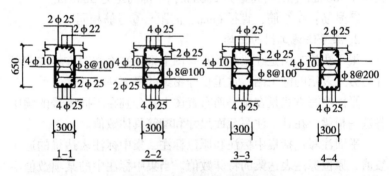

图 2-11　梁的截面配筋

表 2-3　梁编号

梁类型	代号	序号	跨数及是否带有悬梁
楼层框架梁	KL	XX	（XX）、（XXA）或（XXB）
屋面框架梁	WKL	XX	（XX）、（XXA）或（XXB）
框支梁	KZL	XX	（XX）、（XXA）或（XXB）
非框支梁	L	XX	（XX）、（XXA）或（XXB）

（续表）

梁类型	代号	序号	跨数及是否带有悬梁
悬挑梁	XL	XX	
井字梁	JZL	XX	（XX）、（XXA）或（XXB）

注：（XXA）为一端有悬挑，（XXB）为两端有悬挑，悬挑不计入跨数

例如，KL7（5A）表示第 7 号框架梁，5 跨，一端有悬挑；L9（7B）表示第 9 号非框架梁，7 跨，两端有悬挑。

②梁截面尺寸，该项为必注值：等截面梁用 $b×h$ 表示，当有悬挑梁且根部和端部高度不同时，用斜线分隔根部与端部的高度值，即为 $b×h_1/h_2$。

③梁箍筋，该项为必注值：包括钢筋级别、直径、箍筋加密区与非加密区的不同间距及肢数，需用"/"分隔；当梁箍筋为同一种间距及肢数时，则不需要用斜线；当加密区与非加密区的箍筋肢数相同时，则将肢数注写 1 次；箍筋肢数应注写在括号内。

例如，φ10@100/200（4），表示箍筋为Ⅰ级钢筋，直径10mm，加密区间距为100mm，非加密区间距为200mm，均为四肢箍。

又如，φ8@100（4）/150（2），表示箍筋为Ⅰ级钢筋，直径8mm，加密区间距为100mm，四肢箍，非加密区间距为150mm，两肢箍。

④梁上部通长筋或架立筋，该项为必注值：当同排纵筋中既有通长筋又有架立筋时，应用"+"将通长筋和架立筋相连。注写时，需将角部纵筋写在加号的前面，架立筋写在加号后面的括号内，以示不同直径及与通长筋的区别。当全部采用架立筋时，则将其写入括号内。

例如，2Φ22用于双肢箍；2Φ22+（4Φ12）用于六肢箍，

其中 2Φ22 为通长筋，4Φ12 为架立筋。

当梁的上部纵筋和下部纵筋均为通长筋且多数跨配筋相同时，此项可加注下部纵筋的配筋值，用"；"将上部与下部纵筋的配筋值分隔开来。

例如，"3Φ22；3Φ20"表示梁的上部配置 3Φ22 的通长筋，梁的下部配置 3Φ20 的通长筋。

⑤梁侧面纵向构造钢筋或受扭钢筋，该项为必注值：当梁腹板高度 h_w≥450mm 时，需配置纵向构造钢筋。此项注写值以大写字母 G 打头，接续注写设置在梁两侧的总配筋值，且对称布置。

例如，G4Φ12，表示梁的两个侧面共配置 4 根直径为 12mm 的Ⅰ级纵向构造钢筋，每侧配置 2Φ12。

当梁侧面需配置受扭纵向钢筋时，此项注写值以大写字母 N 打头，接续注写设置在梁两侧的总配筋值，且对称布置。

例如，N6Φ22，表示梁的两个侧面共配置 6Φ22 的受扭纵向钢筋，每侧各配置 3Φ22。

⑥梁顶面标高差，此项为选注项：当梁顶面与所在结构层的楼面有高差时，需将高差值写入括号内，无高差时不注写。当梁顶面高于所在结构层的楼面标高时，其标高高差为正值，反之为负值。

现以图 2-10 中的集中标注为例，说明各项标注的含义：

KL2（2A）——表示第 2 号框架梁，两跨，一端有悬挑。

300×650——表示梁的截面尺寸，截面宽度 300mm，截面高度 650mm

ϕ8@100/200（2）——表示梁内箍筋为Ⅰ级钢筋，直径 8mm，加密区间距为 100mm，非加密区间距为 200mm，两肢箍。

2Φ25——表示梁上部通长筋有 2 根，直径 25mm，Ⅱ级钢筋。

G4ϕ10——表示梁的两个侧面共配置 4ϕ10 的纵向构造钢筋，

每侧各配置2φ10。

（-0.100）——表示该梁顶面低于所在结构层的楼面标高0.1 m。

（2）梁的原位标注。当梁的集中标注值不能完整地反映梁某个部位的配筋情况时，需要进行原位标注。

①梁支座上部纵筋：包括通长筋在内的所有纵筋，注写在梁支座上部。

一是当上部纵筋多余一排时，用"/"将各排纵筋自上而下分开。例如，梁支座上部纵筋注写为6⚎25 4/2，则表示上一排纵筋为4⚎25，下一排纵筋为2⚎25。

二是当同排纵筋有两种直径时，用"+"将两种直径相联，并且角部纵筋写在前面。

例如，图2-10中的第一跨左支座上部注写为2⚎25+2⚎22，表示该梁第一跨左支座的上部配置一排纵向钢筋，其中2⚎25放在角部，2⚎22放在中间。

三是当梁中间支座两边的上部纵筋不同时，需在支座两边分别标注；当梁中间支座两边的上部纵筋相同时，可仅在支座的一边标注配筋值，另一边省去不注。

例如，图2-10中的第一跨右支座上部没有注写配筋值，则表示它与第二跨左支座上部的配筋值相同，均为6⚎25 4/2，两排布置，上排纵筋为4⚎25，下排纵筋为2⚎25。

②梁下部纵筋：梁下部纵筋表示方法与上部钢筋相同，但应注写在该跨梁下面的中间位置。

例如，图2-10中，第一跨梁下部纵向钢筋为两排布置，上排为2⚎25，下排为4⚎25。

当梁的集中标注中分别注写了梁上部和梁下部均为通长的纵筋值时，则不需要在梁的下部重复做原位标注。

③附加箍筋或吊筋：附加箍筋或吊筋可直接画在平面图中的

主梁上，用线引注总配筋值。

④当在梁上集中标注的内容不适用某跨或某悬挑部分时，则将其不同数值原位标注在该跨或该悬挑部位，施工时应按原位标注数值取用。

例如，图2-10中，右悬挑端梁下部标注的箍筋为φ8@100(2)，集中标注中的箍筋为φ8@100/200(2)，施工时悬挑梁部分应按原位标注的值 φ8@100（2）进行配筋（即原位优先），第一跨和第二跨梁的箍筋仍按集中标注的值 φ8@100/200（2）进行配筋。

根据梁平法施工图的表示方法，如果将图2-9所示的梁配筋图改用平法表示，则其结果如图2-12所示。

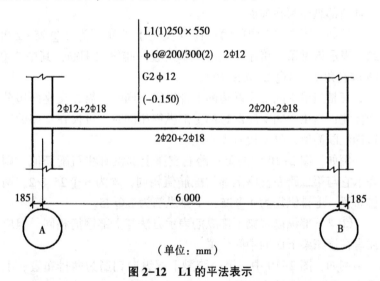

（单位：mm）

图 2-12 L1 的平法表示

三、板钢筋图的识读

现浇钢筋混凝土板详图一般由平面图和节点详图组成。平面图主要表示钢筋混凝土板的形状和板中钢筋的布置、定位轴线及尺寸、断面图的剖切位置等。

根据受力情况，板中钢筋通常有 2 种：受力钢筋和分布钢筋。受力钢筋主要承受拉力，分布钢筋用来固定受力钢筋，以形成钢筋网，同时将板上的荷载有效地传递到受力钢筋上去。

根据钢筋布置的位置不同，板中钢筋包括板底钢筋和板面钢筋，板底钢筋弯钩朝上，板面钢筋（通常称为罩面筋）一般弯成向下的直钩，以顶住底模，保证板厚方向的定位，罩面直钩在平面图中朝下或朝右表示，如图 2-13 板 B1 配筋。楼板结构中每一区格的板一般在四边都由梁或墙支撑形成四边支撑板。这种四边有支撑的板在 2 个方向受力，板上荷载通过 2 个方向传给四边的梁或墙，板底部 2 个方向的钢筋均为受力钢筋。但当板的长边与短边之比≥3 时，板上的荷载将主要沿短跨方向传递，此时，可将板看成单向板，单向板底部短跨方向的钢筋为受力钢筋，另一方向为分布钢筋。

在板的施工图中，一般不需要画板的断面图，这里为了更清楚地反映板的配筋情况，画出了板 B1 的断面图，以帮助初学者识图，如图 2-14 所示。从图 2-14 中可以看出，板底部配有两个方向的钢筋：①号筋 $\phi10@200$ 和②号筋 $\phi10@200$。板面四周配有③号筋 $\phi6@200$、④号筋 $\phi6@200$。

四、剪力墙钢筋图的识读

钢筋混凝土剪力墙可以作为竖向承重构件，同时，能抵抗水平侧向力、剪力与框架结构（由若干梁和柱连接而成的房屋骨架称为框架结构）比较，剪力墙结构体系的侧向刚度大，整体性好，对承受水平力有利，因而大多应用于高层建筑中。

下面介绍的是剪力墙平法施工图的识读。

剪力墙平法施工图是在剪力墙平面布置图上采用列表注写方

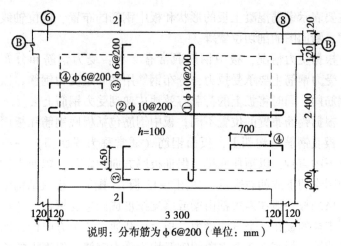

说明：分布筋为φ6@200（单位：mm）

图 2-13 板 B1 配筋

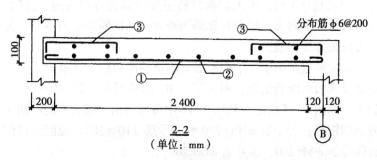

2-2
（单位：mm）

图 2-14 板 B1 的断面

式或截面注写方式表达的施工图。这里仅介绍剪力墙平法施工图中的列表注写方式。

为了表达清楚、简便，剪力墙可看成由剪力墙柱、剪力墙身、剪力墙梁 3 类构件构成的。列表注写方式是分别在剪力墙柱表、剪力墙身表和剪力墙梁表中，对应于剪力墙平面布置图上的编号，用绘制截面配筋图并注写几何尺寸与配筋具体方式，来表达剪力墙平法施工图，如图 2-15，表 2-4、表 2-5 所示。

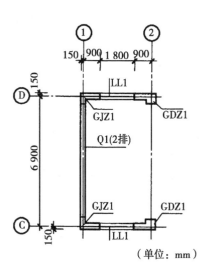

剪力墙柱表	
截面	(1 200, 300, 600, 600 标注截面图)
编号	GDZ1
标高	−0.030~8.670
纵筋	22Φ22
箍筋	φ10@100
截面	(1 050, 300, 300 标注截面图)
编号	GJZ1
标高	−0.030~8.670
纵筋	24Φ20
箍筋	φ10@100

图 2-15　−0.030~8.670 剪力墙平法施工

表 2-4　剪力墙身表

编　号	标　高	墙　厚	水平分布筋	垂直分布筋	拉　筋
Q1（2排）	−0.030~8.670	300	φ12@250	φ12@250	φ6@500

表 2-5　剪力墙梁表

编　号	梁顶相对标高高差	梁截面 $b \times h$	上部纵筋	下部纵筋	侧面纵筋	箍筋
LL1	0.800	300×2 000	4Φ22	4Φ22	同 Q1 水平分布筋	φ10@100（2）

（1）墙柱编号，由墙柱类型代号和序号组成，表达形式应符合表 2-6 的规定。

表 2-6　墙柱编号

墙柱类型	代号	序号
约束边缘暗柱	YAZ	XX
约束边缘端柱	YDZ	XX
约束边缘翼墙（柱）	YYZ	XX
约束边缘转角墙（柱）	YJZ	XX
构造边缘端柱	GDZ	XX
构造边缘暗柱	GAZ	XX
构造边缘翼墙（柱）.	GYZ	XX
构造边缘转角墙（柱）	GJZ	XX
非边缘暗柱	AZ	XX
扶壁柱	FBZ	XX

（2）墙身编号，由墙身代号、序号以及墙身所配置的水平与竖向分布钢筋的排数组成，其中，排数注写在括号内。表达形式为：QXX（X 排）。如表 2-4 所示，剪力墙 Q1 布置 2 排钢筋网，墙身部位的配筋从表 2-5 中可知。

（3）墙梁编号，由墙梁类型代号和序号组成，表达形式应符合表 2-7 的规定。

表 2-7　墙梁编号

墙梁类型	代号	序号
连梁（无交叉暗撑及无交叉钢筋）	LL	XX
连梁（有交叉暗撑）	LL（JC）	XX
连梁（有交叉钢筋）	LL（JG）	XX

（续表）

墙梁类型	代号	序号
暗梁	AL	XX
边框梁	BKL	XX

　　如图 2-15 所示的墙平面布置图中，设有 2 根连梁 LL1，连梁的配筋从表 2-5 中可知。

第三章　施工准备

第一节　钢筋的品种和分类

一、钢筋的品种

常用热轧钢筋按强度级别分为 HPB235、HRB335、HRB400、HBB500 四级。钢筋混凝土结构中所用钢筋按生产工艺不同有热轧钢筋、热处理钢筋、预应力、冷轧带肋钢筋、冷拉钢筋、冷拔钢丝、冷轧扭钢筋等。

1. **热轧钢筋**

热轧钢筋是经热轧成型并自然冷却的成品钢筋，分为热轧光圆钢筋与热轧带肋钢筋。

热轧光圆钢筋为 HPB235 级钢筋；热轧带肋钢筋有月牙肋钢筋和等高肋钢筋，月牙肋钢筋为 HBB335、HRB400 级钢筋；等高肋钢筋为 HBB500 级钢筋。

月牙肋钢筋的横肋纵断面呈月牙形，且与纵肋不相交 [图 3-1 (a)]。

等高肋钢筋的横肋纵断面高度相等，且与纵肋相交 [图 3-1 (b)]。

带肋钢筋的横肋与钢筋轴线夹角不应小于 45°；横肋的间距不得大于钢筋公称直径的 0.7 倍。

钢筋混凝土结构，对热轧钢筋的要求是机械强度较高，具有一定的塑性、韧性、冷弯性和可焊性。HPB235 级钢筋的强度较低，但塑性及焊接性好，便于冷加工，广泛用作普通钢筋混凝土中的非预应力钢筋；HRB335 级与 HRB400 级钢筋的强度较高，塑性及焊接性也较好，广泛用作大、中型钢筋混凝土结构的受力钢筋；HRB500 级钢筋强度高，但塑性与焊接性较差，适宜作预应力钢筋。

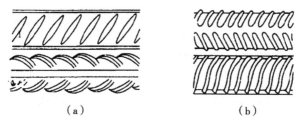

（a）   （b）

图 3-1 热轧带肋钢筋

热轧钢筋的力学性能，见表 3-1。

表 3-1 热轧钢筋的力学性能

钢筋类型	符号	公称直径（mm）	屈服点 σ_1（MPa）	抗拉强度 σ_b（MPa）	伸长率 δ_{10}（%）	冷弯	
			不小于			弯曲角度	弯心直径
HPB235（Q235）		$8\sim20$	235	370	25	180°	$d=a$
HRB335（20MnSi）		$6\sim25$	335	490	16	180°	$d=3a$
		$28\sim50$				180°	$d=4a$
HRB400（20MnSiV 20MnTi 25MnSiNb）		$6\sim25$	400	570	14	180°	$d=4a$
		$28\sim50$				180°	$d=5a$
HRB500		$6\sim25$	500	630	12	180°	$d=6a$
		$28\sim50$				180°	$d=7a$

2. 热处理钢筋

热处理钢筋是由普通热轧中碳合金钢筋经淬火和回火调质热处理制成。具有高强度、高韧性和高黏结力等优点，直径为 6~10mm。成品钢筋为直径 2m 的弹性盘卷，开盘后自行伸直，每盘长度为 100~120m。热处理钢筋常作预应力钢筋。

热处理钢筋的螺纹外形，有带纵肋和无纵肋 2 种（图3-2）。

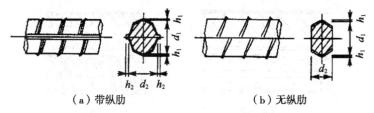

（a）带纵肋　　　　　　　　（b）无纵肋

图3-2　热处理钢筋外形

3. 冷轧带肋钢筋

冷轧带肋钢筋是热轧圆盘条经冷轧后，在其表面带有沿长度方向均匀分布的三面或两面横肋的钢筋。冷轧带肋钢筋的牌号由 CRB 和钢筋的抗拉强度最小值构成。C、R、B 分别代表冷轧、带肋、钢筋。冷轧带肋钢筋分为 CRB550、CRB650、CRB800、CRB970、CRB1170 五个牌号。CRB550 为普通钢筋混凝土用钢筋，其他牌号为预应力混凝土用钢筋。

CRB550 钢筋的公称直径范围为 4~12mm。CRB650 及以上牌号的公称直径为 4mm、5mm、6mm。

钢筋表面横肋呈月牙形。横肋沿钢筋截面周圈上均匀分布，其中，三面肋钢筋有一面肋的倾角必须与另两面反向，二面肋钢筋一面肋的倾角必须与另一面反向。

冷轧带肋钢筋可进行机械矫直，但不得再进行任何热处理和其他冷加工。

4. 冷拉钢筋

钢筋冷拉是在常温条件下，以超过原来钢筋屈服点强度的拉应力，强行拉伸钢筋，使钢筋产生塑性变形达到提高钢筋屈服点强度和节约钢材的目的，此处常温应比平均室外温度高 5℃，可直接用作预应力钢筋。

将经过冷拉的钢筋于常温下存放 15～20 天或加热到 100～200℃并保持一定时间，这个过程称为时效处理，前者称为自然时效，后者称为人工时效。冷拉以后再经时效处理的钢筋，其屈服点进一步提高，抗拉极限强度也有所增长，塑性继续降低。冷拉钢筋常用 Ⅱ～Ⅲ 级热轧钢筋进行冷拉。

冷拉后，钢筋屈服点提高，材料变脆、屈服阶段缩短，伸长率降低，冷拉时效处理后强度略有提高。屈服强度可提高 20%～25%，可节约钢材 10%～20%，所以，工地或预制构件厂常利用这一原理，对钢筋或低碳钢盘条按一定制度进行冷加工，以提高屈服强度节约钢材。

5. 冷拔钢丝

冷拔是指在材料的一端施加拔力，使材料通过一个模具孔而拔出的方法，模具的孔径要较材料的直径小些。冷拔加工使材料除了有拉伸变形外还有挤压变形，冷拔加工一般要在专门的冷拔机上进行。经过拔制产生冷加工硬化的低碳钢丝，采用直径 6.5mm 或 8mm 的普通碳素钢热轧盘条，在常温下通过拔丝模引拔而制成的直径 3mm、4mm 或 5mm 的圆钢丝。经冷拔加工的材料要比经冷拉加工的材料性能好些。

建筑用冷拔低碳钢丝分为甲、乙两级。甲级钢丝主要用于小型预应力混凝土构件的预应力钢材；乙级钢丝一般用作焊接或绑扎骨架、网片或箍筋。

冷拔低碳钢丝主要用于小型预应力混凝土构件，如梁、空心楼板、小型电杆以及农村建筑中的檩条和门框、窗框等。但严禁用做预应力构件的吊环。

6. 冷轧扭钢筋

冷轧扭钢筋是以普通低碳钢 IPB235 热轧盘条为母材,经由两辊轧机机组调直、去锈、轧扁、扭转、切断一次成材,具有螺旋形麻花状外形的新型钢材,如图 3-3 所示。冷轧扭钢筋具有良好的塑性($\delta_{10} \geqslant 4.5\%$)和较高的抗拉强度($\sigma_b \geqslant 580\text{MPa}$),比圆钢提高近 2 倍之多;使钢材的潜能在工程中得以充分发挥。由于其表面是扭曲的,与混凝土黏结力强,同时有摩擦力和法向力的作用,螺旋状外形大大提高了与混凝土的握裹力,改善了构件受力性能,使砼构件具有承载力高、刚度好、破坏前有明显预兆等特点。因而构件性能质量好,使用寿命长。同时钢筋的刚性好,绑扎后不易变形和移位,对保证工程质量极为有利,特别适用于现浇板类工程。

图 3-3 冷轧扭钢筋

冷轧扭钢筋按其抗拉强度等级分 550 级、650 级、800 级。550 级钢筋直径范围为 4 ~ 12mm；650 级钢筋直径范围为 4 ~ 6mm；800 级钢筋直径为 5mm。按其截面形状不同可分为 Ⅰ 型（矩形截面）和 Ⅱ 型（菱形截面）。

7. 预应力钢绞线

钢绞线是采用高碳钢盘条，经过表面处理后冷拔成钢丝，然后按钢绞线结构将一定数量的钢丝绞合成股，再经过消除应力的稳定化处理过程的多根钢丝绞合构成物。为延长耐久性，钢丝上可以有金属或非金属的镀层或涂层，如镀锌、涂环氧树脂等。为增加与混凝土的握裹力，表面可以有刻痕等。制作无黏结预应力钢绞线采用普通的预应力钢绞线，涂防腐油脂或石蜡后包高密度聚乙烯（HDPE）就成。

预应力钢绞线的主要特点是强度高和松弛性能好，另外展开时较挺直。常见抗拉强度等级为 1 860MPa，还有 1 720MPa、1 770MPa、1 960MPa、2 000MPa、2 100MPa 之类的强度等级，该钢材的屈服强度也较高，符号 ϕ^s。

预应力钢绞线是由 3 根、7 根或 19 根高强度钢丝构成的绞合钢缆，并经消除预应力处理（稳定化处理），适合预应力混凝土或类似用途。

按照一根钢绞线中的钢丝数量可以分为 2 丝钢绞线、3 丝钢绞线、7 丝钢绞线及 19 丝钢绞线。按照表面形态可以分为光面钢绞线、刻痕钢绞线、模拔钢绞线、镀锌钢绞线、涂环氧树脂钢绞线等。还可以按照直径或强度级别或标准分类。

在多数后张预应力及先张预应力工程中，光面钢绞线是最广泛采用的预应力钢材（图 3-4）。

二、钢筋的分类

钢筋的种类繁多，根据划分依据的不同，钢筋可分为以下

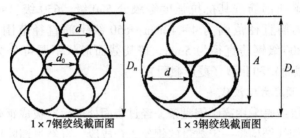

1×7钢绞线截面图　　　　1×3钢绞线截面图

图3-4　钢绞线及其截面

几类。

1. 按化学成分分

按化学成分分为碳素钢钢筋和普通低合金钢钢筋。

碳素钢钢筋按碳量多少，又分为低碳钢钢筋（含碳量低于0.25%，如Ⅰ级钢筋）、中碳钢钢筋（含碳量0.25%~0.7%，如Ⅳ级钢筋）、高碳钢钢筋（含碳量0.70%~1.4%，如碳素钢丝），碳素钢中除含有铁和碳元素外，还有少量在冶炼过程中带有的硅、锰、磷、硫等杂质。

普通低合金钢钢筋是在低碳钢和中碳钢中加入少量合金元素，获得强度高和综合性能好的钢种，在钢筋中常用的合金元素有硅、锰、钒、钛等，普通低合金钢钢筋主要品种有20MnSi、40Si2MnV、45SiMnTi等。

各种化学成分含量的多少，对钢筋机械性能和可焊性的影响极大。一般建筑用钢筋在正常情况下不做化学成分的检验，但在选用钢筋时，仍需注意钢筋的化学成分。

2. 按力学性能分

按力学性能分为HPB235（Q235，符号φ，Ⅰ级）、热轧带肋钢筋HRB335（20MnSi，符号φ，Ⅱ级）、热轧带肋钢筋HRB400（20MnSiV、20MnSiNb：20MnTi，符号φ，Ⅲ级）、余热处理钢筋RRB400（K 20MnSi，符号φ，Ⅲ级）。

3. 按其外形特征分

按其外形特征可分为光面钢筋 HPB235；变形钢筋（螺纹形、月牙纹形）HRB335、HRB400、RRB400。

4. 按供应形式分

按供应形式分为盘圆钢筋和直条钢筋。

5. 按生产工艺分

按生产工艺分为热轧钢筋、冷拉钢筋、冷拔钢丝、热处理钢筋、碳素钢丝、刻痕钢丝和钢纹线、冷轧带肋钢筋等。

6. 按钢筋直径大小分

按钢筋直径大小分为钢丝（直径为 3～5mm）、细钢筋（直径为 6～10mm）、中粗钢筋（直径为 12～20mm）、粗钢筋（直径大于 20mm）。

第二节　钢筋的检验与保管

一、钢筋的检验

1. 钢筋现场检验

钢筋出厂应有出厂的证明书和试验报告单。钢筋运到工地现场时，应按现行国家标准对钢筋进行外观检查，机械和化学性能检验。

（1）外观检查。钢筋表面不得有裂缝、结疤和折叠，钢筋表面的凸块不允许超过螺纹高度，外形尺寸应符合规范规定。

钢筋应平直、无损伤，表面不得有裂纹、油污、颗粒状或片状老锈。

（2）机械性能检验。按照《钢筋混凝土用热轧带肋钢筋》GB 1499 等的规定抽取试件做力学性能检验。取 2 个试件：一个做拉力试验，测定屈服点、抗拉强度和伸长率；另一个做冷弯试验，其质量必须符合有关标准的规定。

对有抗震设防要求的框架结构，其纵向受力钢筋的强度应满足设计要求；当设计无具体要求时，检验所得的强度实测值应符合下列规定。

①钢筋的抗拉强度实测值与屈服强度实测值的比值不应小于 1.25。

②钢筋的屈服强度实测值与强度标准值的比值不应大于 1.30。

（3）化学成分检验。当发现钢筋脆断、焊接性能不良或力学性能显著不正常等现象时，应对该批钢筋进行化学成分检验或其他专项检验。

①检验项目：一是拉伸试验（屈服点或屈服强度、抗拉强度、伸长率）；二是弯曲（冷弯）试验；三是必要时，反复弯曲试验；化学分析 C、S、P、Si、Mn、Ti、U。

②取样方法和数量：一是碳素结构钢。应按批进行检查和验收。每批由同一牌号、同一炉罐号、同一等级、同一品种、同一尺寸、同一交货状态、同一进场时间的钢材组成。每批数量不得大于 60t，每批取样一组，其中，2 个拉伸试件，2 个冷弯试件。取样方法按《钢材力学及工艺性能试验取样规定》进行。试件应在外观尺寸合格的钢材上切取。切取时应防止受热、加工硬化及变形而影响其力学及工艺性能。二是热轧带肋钢筋、热轧光圆钢筋。应按批进行检查和验收。每批由同一厂别、同一炉罐号、同一规格、同一交货状态、同一进场时间的钢筋组成。允许由同一牌号、同一冶炼方法、同一浇注方法的不同炉罐号组成混合批，但各炉号含碳量之差不大于 0.02%，含锰量之差不大于 0.15%。热轧带肋钢筋、热轧光圆钢筋、低碳钢热轧圆盘条、余热处理钢筋每批数量不得大于 60t。每批取试件一组（冷轧带肋钢筋每批数量不得大于 50t，每批取试件一组）。每组试件数量见

表 3-2。

表 3-2　每组试件数量

钢筋种类	试件数量（个）	
	拉伸试验	弯曲试验
热轧带肋	2	2
热轧光圆	2	2
低碳钢热轧圆盘条	1	2
余热处理钢筋	2	2
冷轧带肋	逐盘 1 个	每批 2 个

取样方法：按表 3-2 规定凡取 2 个试件的（低碳钢热轧圆盘条冷弯试件除外）均应从任意 2 根（或 2 盘）中分别切取，即在每根钢筋上切取 1 个拉伸试件、1 个弯曲试件。低碳钢热轧圆盘条冷弯试件应取自不同盘。试件在切取时，应在任意一端截 500mm 后切取。试件长度为（供参考）：拉伸试件标称标距+200mm；弯曲试件标称标距+150mm。

试样应满足在夹具之间的最小自由长度符合下列要求：$d \leqslant$ 25mm 时为 350mm；$25mm < d \leqslant 32mm$ 时为 400mm；$32mm < d \leqslant$ 50mm 时为 500mm；夹持区长度 $\geqslant 100 \sim 150mm$。

③结果判定及处理：根据钢材、钢筋种类和相应的标准，按委托来样提供的钢材牌号及强度等级进行评定。一是热轧带肋钢筋、热轧光圆钢筋、低碳钢热轧圆盘条如有某一项试验结果不符合标准要求，则从同一批中再任取双倍数量的试件进行该不合格项目的复验，复验结果（包括该项试验所要求的任一指标）一个指标不合格，则整批不合格。二是钢筋混凝土用热轧带肋钢筋。工艺性能：经弯曲试验，钢筋受弯曲部位表面不得产生裂纹。

2. 预应力混凝土用钢绞线检测内容和试验的方法

预应力钢绞线进入现场厂家应提供产品合格证和反应预应力筋主要性能的出厂检验报告。

（1）检验项目。表面质量、尺寸偏差、捻距、拉伸试验、弯曲试验、松弛试验。

（2）取样方法和数量。

①取样数量：预应力混凝土用钢绞线应成批验收，每批由同一牌号、同一规格、同一生产工艺制成的钢绞线组成，每批重量不大于 60t。

②取样方法：从每批钢绞线中任取 3 盘，进行表面质量、直径偏差、捻距和力学性能试验。如每批少于 3 盘，则应逐盘进行上述检验。屈服强度和松弛试验每季度抽验 1 次，每次不少于 1 根。

从每盘所选的钢绞线端部正常部位截取 1 根 750mm 的试样进行试验。

（3）结果评定和处理。试验结果，如有一项不合格时则为不合格品，应报废。再从未试验过的钢绞线中取双倍数量进行该不合格项的复验，如仍有一项不合格，则该批为不合格品。

二、钢筋的保管

钢筋的堆放和保管（图 3-5），应注意以下几点。

（1）钢筋运至现场后，必须严格按批分等级、牌号、直径、长度等挂牌存放，并注明数量，不得混合堆放。

（2）钢材库要保持库内干燥，通风良好，库内地面要高出库外地坪 200mm，库顶不得漏雨。库内钢筋不准直接堆放在地面上，必须用混凝土块、砖及木块等垫起 200mm。仓库应设专人验收入库钢筋；库内划分不同钢筋堆放区域，每堆钢筋应立标签或挂牌，表明其品种、强度等级、直径、合格证件编号及整批数

图 3-5 某施工现场钢筋的堆放

量等。

施工现场无库房时，钢筋存放的地方宜选择地势高，地面干燥之处，同时，要将钢筋垫起，距地面不小于 200mm，并在四周设置排水沟，遇雨雪天时应及时用盖布盖好。

（3）要坚持先进库的先用，尽量缩短储存时间，避免存放过久产生锈蚀。

（4）钢筋严禁与酸、盐、油类等物品混放在一起，以防发生腐蚀和污染钢筋。

（5）钢筋成品应按工程名称和构件类别堆放，并挂牌明示，牌上应注明构件名称、使用部位、钢筋形式、规格、钢种、直径和数量，不得将不同项目的钢筋混合堆放。

第四章 钢筋加工

第一节 钢筋的配料、下料

一、钢筋基本构造

1. 混凝土保护层厚度

混凝土保护层厚度能影响钢筋混凝土的耐久性、安全性、防火性能，并能满足钢筋混凝土的黏结锚固性需要，使钢筋满足受力需要，发挥其所需的强度，不因保护层过薄而过早生锈，从而破坏构件整体性。

（1）混凝土保护层厚度的定义。保护层厚度是指受力主筋的保护层，保护层厚度是受力钢筋外边缘至混凝土截面外边缘的距离，用字母 c 表示，如图 4-1 所示。

（2）混凝土保护层最小厚度的规定。钢筋混凝土构件混凝土保护层最小

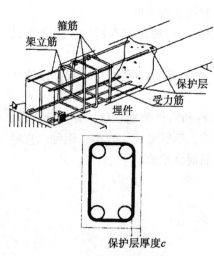

图 4-1 梁的混凝土保护层示意

厚度须符合表4-1的规定。

表4-1　混凝土保护层最小厚度

环境类别		墙			梁			柱	
		≤C20	C25~C45	≥C50	≤C20	C25~C45	≥C50	≤C20	C25~C45	≥C50
一		20	15	15	30	25	25	30	30	30
	a	—	20	20	—	30	30	—	30	30
一	b	—	25	20	—	35	30	—	35	30
二		—	30	25	—	40	35	—	40	35

注：（1）受力钢筋外边缘至混凝土表面的距离，除符合表中规定外，不应小于钢筋的公称直径

（2）机械连接接头连接件的混凝土保护层厚度应满足受力钢筋保护层最小厚度的要求，连接件之间的横向净距不宜小于25mm

（3）设计使用年限为100年的结构：一类环境中，混凝土保护层厚度应按表中规定增加40%；二类和三类环境中，混凝土保护层厚度应采取专门有效措施

混凝土构件所处的环境类别，见表4-2。

表4-2　混凝土构件的环境类别

环境类别		条件
一		室内正常环境
二	a	室内潮湿环境，非严寒和非寒冷地区的露天环境，与无侵蚀性的水或土壤直接接触的环境
	b	严寒和寒冷地区的露天环境，与无侵蚀性的水或土壤直接接触的环境
三		使用除冰盐的环境；严寒和寒冷地区冬季水位变动的环境；滨海室外环境
四		海水环境
五		受人为或自然的侵蚀性物质影响的环境

注：严寒和寒冷地区的划分应符合国家现行标准《民用建筑热工设计规程》JGJ24的规定

基础中的纵向受力钢筋的保护层厚度为：有垫层时不应小于40mm；无垫层时不应小于70mm。

2. 钢筋的锚固长度

（1）锚固长度的含义。埋在混凝土中的钢筋，当其受拉时因钢筋两端的拉力差易从混凝土中拔出，要使钢筋受拉又不被拔出，必须使钢筋有一定的埋入长度以便使钢筋能通过和混凝土之间的黏结力将拉力传递给混凝土，一般称此埋入长度为钢筋的锚固长度。钢筋的锚固长度可根据拔出试验测定。

（2）钢筋的锚固长度。因结构是否考虑抗震分两类：一是非抗震的纵向受拉钢筋最小锚固长度，用 l_a 表示；二是抗震的纵向受拉钢筋锚固长度，用 l_{aE} 表示。规范对钢筋的锚固长度做了专门规定，不同钢筋的锚固长度可从表4-3、表4-4中直接查取。

3. 钢筋的连接构造

钢筋的连接可分为两类：绑扎搭接，机械连接或焊接。机械连接接头和焊接接头的类型及质量应符合国家现行有关标准的规定。

（1）绑扎搭接。受力钢筋的接头宜设置在受力较小处。在同一根钢筋上宜少设接头。

当受拉钢筋的直径 $d>28mm$ 及受压钢筋的直径 $d>32mm$ 时，不宜采用绑扎搭接接头。

同一构件中相邻纵向受力钢筋的绑扎搭接接头宜相互错开。

钢筋绑扎搭接接头连接区段的长度为1.3倍搭接长度，搭接长度按是否抗震分为 l_1（非抗震）、l_{1E}（抗震）（图4-2）。凡搭接接头中点位于该连接区段长度内的搭接接头均属于同一连接区段。

同一连接区段内纵向钢筋搭接接头面积百分率为该区段内有搭接接头的纵向受力钢筋截面面积与全部纵向受力钢筋截面面积

的比值。

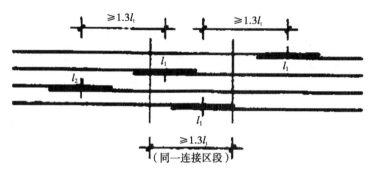

图 4-2　同一连接区段内受拉钢筋绑扎搭接接头

表 4-3　纵向受拉钢筋最小锚固长度 l_a

钢筋种类		混凝土强度等级								
		C20		C25		C30		C35		≥C40
		$d \leq 25$	$d > 25$	$d \leq 25$	$d > 25$	$d \leq 25$	$d > 25$	$d \leq 25$	$d > 25$	$d \leq 25$	$d > 25$
HPB235	普通钢筋	$31d$	$31d$	$27d$	$27d$	$24d$	$24d$	$22d$	$22d$	$20d$	$20d$
HRB335	普通钢筋	$39d$	$42d$	$34d$	$37d$	$30d$	$33d$	$30d$	$30d$	$25d$	$23d$
	环氧树脂涂层钢筋	$48d$	$53d$	$42d$	$46d$	$37d$	$41d$	$34d$	$37d$	$31d$	$34d$
HRB400 RRB400	普通钢筋	$46d$	$51d$	$40d$	$44d$	$36d$	$39d$	$33d$	$36d$	$30d$	$33d$
	环氧树脂涂层钢筋	$58d$	$63d$	$50d$	$55d$	$45d$	$49d$	$41d$	$45d$	$37d$	$41d$

注：1. 当弯锚时，有些部位的锚固长度为 $\geq 0.4l_{aE} + 15d$ 见各类构件的标准构造详图

2. 当钢筋在混凝土施工过程中易受扰动（如滑模施工）时，其铺固长度应乘以修正系数 1.1

3. 在任何情况下，锚固长度不得小于 250mm

4. HPB235 钢筋为受拉时，其末端应做成 180° 弯钩，弯钩平直长度不应小于 $3d$。当为受压时，可不做弯钩

表4-4 纵向受拉钢筋抗震锚固长度 l_{aE}

混凝土强度等级与抗震等级 钢筋种类与直径			C20		C25		C30		C35		≥C40	
			一、二级抗震等级	三级抗震等级	一、二级抗震等级	三级抗震等级	一、二级抗震等级	三级抗震等级	一、二级抗震等级	三级抗震等级	一、二级抗震等级	三级抗震等级
HPB235	普通钢筋		36d	33d	31d	28d	27d	25d	25d	23d	21d	
HRB335	普通钢筋	d≤25	44d	41d	38d	35d	34d	31d	31d	29d	29d	26d
		d>25	49d	45d	42d	39d	38d	34d	34d	31d	32d	29d
	环氧树脂涂层钢筋	d≤25	55d	51d	48d	44d	43d	39d	39d	36d	36d	33d
		d>25	61d	56d	53d	48d	47d	43d	43d	39d	39d	36d
HRB400 RRB400	普通钢筋	d≤25	53d	49d	46d	42d	41d	37d	37d	34d	34d	33d
		d>25	58d	53d	51d	46d	45d	41d	41d	38d	38d	34d
	环氧树脂涂层钢筋	d≤25	66d	61d	57d	53d	51d	47d	47d	43d	43d	39d
		d>25	73d	67d	63d	58d	56d	51d	51d	47d	47d	43d

注：1. 四级抗震等级，≥$0.4l_{aE}$+15d

2. 当弯锚时，有些部位的锚固长度为≥$0.4l_{aE}$+15d 见各类构件的标准构造详图

3. 当 HRB335、HRB400 和 RRB400 线纵向受拉钢筋末端采用机械锚固措施时，包括附加锚固端头在内的锚固长度可取为 G101 图集第33页和本页表中的锚固长度的 0.7 倍。机械锚固的形式及构造要求详见 G101 图集第35页

4. 当钢筋在混凝土施工过程中易受扰动（如滑模施工）时，其锚固长度应乘以修正系数 1.1

5. 在任何情况下，锚固长度不得小于 250mm

　　注：图4-2 中所示同一连接区段内的搭接接头钢筋为 2 根，当钢筋直径相同时，钢筋搭接接头面积百分率为 50%。

　　位于同一连接区段内的受拉钢筋搭接接头面积百分率：对梁类、板类及墙类构件，不宜大于 25%；对柱类构件，不宜大于 50%。当工程中确有必要增大受拉钢筋搭接接头面积百分率时，对梁类构件，不应大于 50%；对板类、墙类及柱类构件，可根据

实际情况放宽。

纵向受拉钢筋绑扎搭接接头的搭接长度可按表 4-5 确定。

表 4-5 纵向受拉钢筋绑扎搭接接头的搭接长度

纵向受拉钢筋绑扎搭接 长度 l_{1E}、l_1	注:
抗震 $\qquad$ 非抗震	1. 当不同直径的钢筋搭接时，其 l_{1E} 与 l_1 值按较小的直径计算
$l_{1E} = \xi l_{aE}$ $\quad$ $l_1 = \xi l_a$	2. 在任何情况下 l_1 不得小于 300mm
	3. 式中 ξ 为搭接长度修正系数

纵向受拉钢筋搭接长度修正系数 ξ			
纵向钢筋搭接接头面积百分率（%）	≤25	50	100
ξ	1.2	1.4	1.6

在任何情况下，纵向受拉钢筋绑扎搭接接头的搭接长度均不应小于 300mm。

构件中的纵向受压钢筋，当采用搭接连接时，其受压搭接长度不应小于纵向受拉钢筋搭接长度的 0.7 倍，且在任何情况下不应小于 200mm。

在纵向受力钢筋搭接长度范围内应配置箍筋，其直径不应小于搭接钢筋较大直径的 0.25 倍。当钢筋受拉时，箍筋间距不应大于搭接钢筋较小直径的 5 倍，且不应大于 100mm；当钢筋受压时，箍筋间距不应大于搭接钢筋较小直径的 10 倍，且不应大于 200mm。当受压钢筋直径 $d > 25$mm 时，尚应在搭接接头两个端面外 100mm 范围内各设置两个箍筋。

（2）机械连接。纵向受力钢筋机械连接接头宜相互错开。钢筋机械连接接头连接区段的长度为 35d（d 为纵向受力钢筋的较大直径），凡接头中点位于该连接区段长度内的机械连接接头均属于同一连接区段（图 4-3）。

在受力较大处设置机械连接接头时，位于同一连接区段内的纵向受拉钢筋接头面积百分率不宜大于 50%。纵向受压钢筋的接

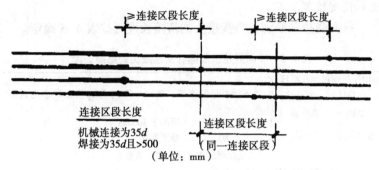

图 4-3　同一连接区段内受拉钢筋机械连接、焊接接头

头面积百分率可不受限制。

　　直接承受动力荷载的结构构件中的机械连接接头，除应满足设计要求的抗疲劳性能外，位于同一连接区段内的纵向受力钢筋接头面积百分率不应大于 50%。

　　机械连接接头连接件的混凝土保护层厚度宜满足纵向受力钢筋最小保护层厚度的要求。连接件之间的横向净间距不宜小于 25mm。

　　（3）焊接连接。纵向受力钢筋的焊接接头应相互错开。钢筋焊接接头连接区段的长度为 35d（d 为纵向受力钢筋的较大直径）且不小于 500mm，凡接头中点位于该连接区段长度内的焊接接头均属于同一连接区段。

　　位于同一连接区段内纵向受力钢筋的焊接接头面积百分率，对纵向受拉钢筋接头，不应大于 50%。纵向受压钢筋的接头面积百分率可不受限制。

　　注：①装配式构件连接处的纵向受力钢筋焊接接头可不受以上限制；②承受均布荷载作用的屋面板、楼板、檩条等简支受弯构件，如在受拉区内配置的纵向受力钢筋少于 3 根时，可在跨度两端各 1/4 跨度范围内设置一个焊接接头。

二、钢筋的下料

"钢筋翻样"是钢筋工每天都干的工作：按图纸（目前是按"平法标注的平面图"）"翻"出各种钢筋的根数、形状、细部尺寸和每根钢筋的下料长度（已经扣减了钢筋制作时的弯曲伸长）。

1. 钢筋弯钩形式及弯钩增加长度

（1）钢筋弯钩形式。

（2）弯钩增加长度的确定。

①受力钢筋弯钩增加长度：HPB235 级钢筋 180°弯钩（弯心直径 $D=2.5d$；平直段长度$=3d$）（图 4-4）。

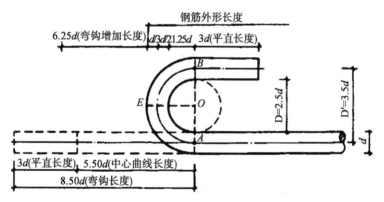

图 4-4　HPB235 级钢筋 180°弯钩

（弯心直径 $D=2.5d$；平直段长度$=3d$）

按照钢筋的特性，钢筋弯曲后，在受弯处内皮长度收缩、外皮长度伸长，只有中心线（曲线）长度保持不变。

因为，$D=2.5d$；$D=3.5d$；平直段$=3d$。

所以，180°钢筋弯钩长度＝弧 AB（半圆周长）+平直段长度

$=\pi \times D \times 1/2 + 3d$

$$= \pi \times 3.5d \times 1/2 + 3d$$

$$= 5.5d + 3d$$

$$= 8.5d$$

因为，$EO = 1.25d + d = 2.25d$。

所以，弯钩增加长度 $= 8.5d - 2.25d = 6.25d$。

常用钢筋弯钩增加长度：当钢筋弯心直径为 $D = 2.5d$，平直部分为 $3d$。钢筋弯钩增加长度的理论计算值：对转半圆弯钩（180°）为 $6.25d$；对直弯钩（90°）为 $3.5d$；对斜弯钩（135°）为 $4.9d$。

现行规范规定，纵向钢筋机械锚固的一种做法是在端部做 135°弯钩，弯钩的平直段长度为 $5d$，弯心直径 $D = 4d$，钢筋弯钩增加长度为 $7.9d$（图 4-5）。

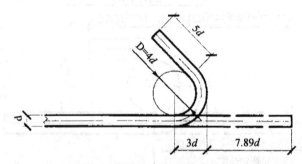

图 4-5　HRB335 级纵向钢筋机械锚固端部可做 135°弯钩

（弯心直径 $D = 4d$；平直段长度 $= 5d$）

现行《建筑抗震设计规范》（GB 50011—2001）规定，抗震框架纵向钢筋锚固需要 $\geq 0.4l_{aE} + 15d$，同时规定，当纵向钢筋直径 ≤ 25mm 时，楼层框架梁纵向钢筋在端接点弯曲的弯心直径 $= 8d$，直弯钩（90°）增加长度为 $12.07d$，如图 4-6 所示；当纵向钢筋直径 ≤ 25mm，弯心直径 $= 12d$，直弯钩（90°）增加长度为 $11.21d$。$11.21d$ 既适用于梁纵向钢筋直径 ≤ 25mm 的抗震顶层端节点，也适用于梁纵向钢筋直径>25mm 的抗震楼层端节点。

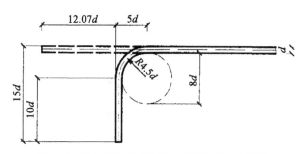

图 4-6 HRB335 级 KL 纵向钢筋端部 90°弯钩
（弯心直径 $D=8d$；平直段长度 $=10d$）

纵向钢筋直径>25mm，弯心直径 $D=16d$，90°直弯钩增加 $10.35d$；$10.35d$ 适用于梁纵向钢筋直径>25mm 的抗震顶层端节点。

②箍筋弯钩增加长度：现行规范规定，抗震箍筋需要做 135°弯钩，弯钩的平直段需要 $10d$，且不得小于 75mm。非抗震结构，箍筋弯钩的平直段需要 $5d$。还是遵循"钢筋弯曲时，外侧纤维伸长，内侧纤维缩短，中心线长度保持不变"思路可计算出 135°弯钩所需要的增加长度为 $11.9d$（图 4-7）。

2. 弯起钢筋斜长 L

（1）弯起角度$=30°$时，$L=2h_0$。

（2）弯起角度$=45°$时，$L=1.141h_0$。

（3）弯起角度$=60°$时，$L=1.15h_0$。

h_0 为弯起钢筋弯起高度的钢筋外皮间的距离。中间部位弯折处的弯曲直径 D，不小于钢筋直径的 5 倍。

3. **弯曲调整值**

钢筋弯曲后，在受弯处内皮长度收缩、外皮长度伸长，只有中心线（曲线）长度保持不变。但在工程实际中丈量钢筋一般

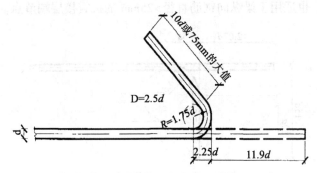

图 4-7　抗震箍筋需要做 135°弯钩

（弯心直径 $D=2.5d$；平直段长度 $=10d$）

沿直线量外皮尺寸，因此，钢筋弯曲后钢筋的外皮量度尺寸大于其中心线（曲线）长度，两者间的差值即是弯曲调整值（量度差值）。

当钢筋弯曲弯心直径为 $D=2.5d$ 时，

弯曲角度为 30°时，弯曲调整值（量度差值）$=0.35d$；

弯曲角度为 45°时，弯曲调整值（量度差值）$=0.50d$；

弯曲角度为 60°时，弯曲调整值（量度差值）$=0.85d$；

弯曲角度为 90°时，弯曲调整值（量度差值）$=2d$；

弯曲角度为 135°时，弯曲调整值（量度差值）$=2.5d$。

注：弯起钢筋中间部位弯折处的弯曲直径 D，不小于钢筋直径的 5 倍。

4. 钢筋下料长度的计算公式

（1）直钢筋下料长度＝构件长度－保护层厚度＋弯钩增加长度

（2）弯起钢筋下料长度＝直段长度＋斜弯长度－弯曲调整值＋弯钩增加长度

（3）箍筋下料长度＝箍筋内周长＋箍筋调整值＋弯钩增加长度

简化计算公式：抗震箍筋下料长度＝构件截面周长－8 个混

凝土保护层+26.5d（d≤10mm，弯心直径≥2.5d）。

三、钢筋的配料单

【例】

某建筑物简支梁配筋如图 4-8 所示，试计算钢筋下料长度。钢筋保护层取 25mm（梁编号为 L_1 共 10 根）。

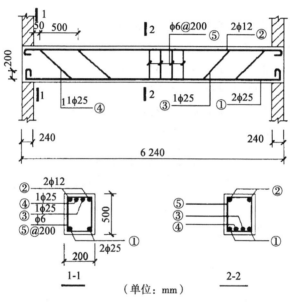

（单位：mm）

图 4-8 某建筑物简支梁配筋

【解】

1. 计算钢筋下料长度

（1）号钢筋下料长度。

（6 240+2×200-2×25）-2×2×25+2×6.25×25=6 802（mm）。

（2）号钢筋下料长度。

6 240-2×25+2×6.25 ×12=6 340（mm）。

（3）号弯起钢筋下料长度。

上直段钢筋长度：240+50+500−25＝765（mm）。

斜段钢筋长度：（500−2×25）×1.414＝636（mm）。

中间直段长度：6 240−2×（240+50+500+450）＝3 760（mm）。

下料长度：（765+636）×2+3 760−4×0.5×25+2×6.25×25＝6 824（mm）。

（4）号钢筋下料长度计算为6 824mm。

（5）号箍筋下料长度。

宽度：200−2×25+2×6＝162（mm）。

高度：500−2×25+2×6＝462（mm）。

下料长度：（162+462）×2+60＝1 308（mm）。

2. 绘出各种钢筋简图（表4-6）

表4-6　钢筋配料单

构件名称	钢筋编号	简 图	钢号	直径(mm)	下料长度(mm)	单根根数	合计根数	质量(kg)
	①	200 ⌐ 6 190 ⌐	φ	25	6 802	2	20	523.75
	②	6 190	φ	12	6 340	2	20	112.60
L_1梁（共10根）	③	765 636 3 760	φ	25	6 824	1	10	262.72
	④	265 636 4 760	φ	25	6 824	1	10	262.72
	⑤	162 462	φ	6	1 308	32	320	92.49
合计		φ6：92.49kg；φ12：112.60kg；φ25：1 049.19kg						

四、钢筋料牌

列入加工计划的配料单，将每一编号的钢筋制作一块料牌，如图 4-9 所示。以此作为钢筋加工的依据，并在安装过程中作为区别各工程项目、构件及各种编号钢筋的标志。

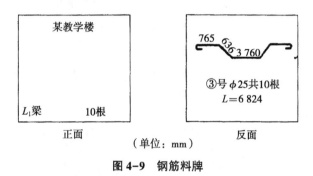

图 4-9　钢筋料牌

钢筋配料单及料牌必须进行严格校核，确保准确无误，以免返工。

第二节　钢筋的调直与除锈

一、钢筋的调直

现场钢筋调直分为人工调直、卷扬机调直和机械调直 3 种方法。

1. 盘条钢筋的人工调直

直径在 10mm 以下的盘条钢筋，在工程量极小时，可以用小锤在工作台上敲直。在工程量稍大一些的钢筋加工中，可用下列方法：

（1）导轮调直。如图 4-10 所示，操作时由 1~2 人在前边行边拉，钢筋通过旧拔丝模、辊轮和导轮的作用即可调直。

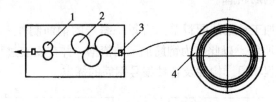

图 4-10　导轮调直装置示意

1. 导轮；2. 辊轮；3. 旧拔丝模；4. 盘条架

（2）蛇形管调直。如图 4-11 所示，与导轮调直的方法相同，人工拉动钢筋，可调直盘条钢筋。

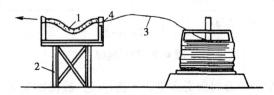

图 4-11　蛇形管调直装置示意

1. 蛇形管；2. 支架；3. 钢筋；4. 旧滚珠轴承

2. 粗钢筋的人工调直

直径在 10mm 以上的钢筋通常会出现一些慢弯，可以用人工在工作台上调直。常用的操作方法如下。

（1）双扳法 [图 4-12（a）]。操作时，将钢筋平放在工作台上，左手持①号横口扳子固定钢筋，右手持②号扳子按调直方向扳动扳子，将钢筋调直，可调直直径在 14mm 以下的钢筋。

（2）卡子法 [图 4-12（b）]。将卡子固定在工作台上，操作时，助手将钢筋扶平并固定在卡子上，师傅扳动横口扳子将钢筋调直，常用来调直直径 18mm 以下的钢筋。

（3）卡盘法 [图 4-12（c）]。将卡盘固定在工作台上，将钢筋放于扳柱之间，用横口扳子调直，因扳柱的距离比较灵活，不受钢筋直径的限制，常用来调直直径 30mm 以下的钢筋。

（4）调直器法 ［图 4-12 （d）］。此法常用来调直粗大钢筋，操作时，将钢筋安放在调直器的两个弯钩上，对正调直点转动压力螺杆，利用螺杆的压力将钢筋调直。

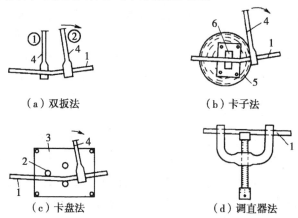

（a）双扳法　　　　　　　　（b）卡子法

（c）卡盘法　　　　　　　（d）调直器法

图 4-12　人工调直粗钢筋的方法

1. 钢筋；2. 扳柱；3. 卡盘；4. 横口扳子；5. 木桩；6. 卡子

3. 卷扬机调直

直径 10mm 以下的盘圆钢筋可采用卷扬机拉直，利用冷拉设备，可同时完成除锈、拉伸、调直三道工序。具体方法详见后面钢筋冷拉的有关内容。

4. 机械调直

钢筋调直剪切机具有除锈、调直和切断 3 项功能，这 3 项工序能在操作中一次完成。调直机由调直、牵引、定长、切断几个部分组成，使用时首先要根据钢筋的直径选用调直模和传送压辊，操作时不要随意抬起传送压辊。盘圆钢筋要置于放圈架内，放置平稳、整齐，若有乱丝或钢筋脱落现象，应停车处理。调直机应设防护罩和挡板，以防钢筋伤人，加工至每盘钢筋末尾约

80cm 处应暂时停车，用长约 1m 的钢管套在钢筋的末端，手持钢管顶紧调直筒前端的导孔，再开车让钢筋尾端顺利通过调直筒。

二、钢筋除锈

钢筋表面的铁锈，根据锈蚀的程度分为黄褐色的水锈和红褐色陈锈。前者锈蚀较轻，可不予处理（必要时可用麻袋布擦拭）。后者锈蚀较重，会影响钢筋与混凝土之间的黏结，从而削弱钢筋与混凝土的共同受力，这种陈锈一定要清理干净。此外，还有一种老锈，在钢筋表面出现颗粒状或片状分离物，呈深褐色或黑色，有这种老锈的钢筋不能使用。

现场钢筋除锈分为钢筋加工时除锈、机械除锈、人工除锈、喷砂除锈和酸洗除锈五种方法。钢筋在冷拉、冷拔和调直的过程中，因为钢筋表面受到机械作用或截面面积发生变化，所以，钢筋表面的铁锈多已脱落，这是一种最合理、最经济的除锈方法，也是目前用得最多的方法。

第三节　钢筋切断与弯曲成型

一、钢筋的切断

钢筋调直后，即可按钢筋的下料长度进行切断。钢筋切断前应有计划，精打细算，合理使用钢筋。首先，应根据工地的实有材料，确定下料方案，长料长用，短料短用，使下脚料的长度最短，并确保品种、规格、尺寸、外形符合设计要求。切断时要先画线后切断，切断的下脚料可作为电焊接头的帮条或其他辅助短钢筋使用，力求减少钢筋的损耗。

1. 人工切断

断线钳、手压切断机、手动液压切断器等手工切断机具一般都没有固定的工作台，在操作的过程中只能采取临时的固定措施，经常可能发生位移。所以，在操作时，要采取措施保证尺寸准确，如采用卡板作为控制尺寸的标志时，必须经常复核断料尺寸是否正确。特别是当切断量大时，更应加强检查，避免刀口和卡板间距发生移动，引起断料尺寸错误。

提示：人工切断一定要先在钢筋上逐根画线，并经检查确认正确无误后。方可按线切断，切忌上一根做下一根所谓的"样板"。其他钢筋按"样板"比画切断，这样不但易造成误差越来越大，而且一旦"样板"出问题，会造成批次产品报废。

2. 机械切断

（1）使用曲柄连杆式切断机时，操作前必须检查切断机刀口，确认刀片无裂纹并将其正确安装，调整好切刀间隙，将刀架螺栓紧固；保证防护罩牢靠有效，加足各部分润滑油。启动后应空运转，确认各传动部分及轴承运转正常后，方可进行切断作业。

（2）使用电动液压切断机时，操作前应检查油位及电动机旋转方向是否正确，确认正确后先松开放油阀，空载运转2分钟以排掉缸体内的空气，然后拧紧，并用手扳动钢筋给主刀以回程压力，即可进行正常工作。

（3）操作过程中，如发现钢筋有劈裂、缩头或严重的弯头必须切除；发现钢筋的硬度异常时，应及时向有关人员反映，查明情况提出处理意见。钢筋的切口不得有马蹄形或起弯现象。

（4）更换活塞油箱的液压油时，应先倒出全部污油，再清洗油箱，最后注入新液压油。

（5）切断机运行过程中，操作人员不得擅自离开工作岗位；严禁直接用手去清扫正在工作的刀片上的积屑、油污；发现机械运转不正常时，应立即停机进行清扫、检查或修理。

（6）操作完成后，应切断电源，用钢丝刷清除切刀间的杂物，进行整机清洁润滑。

提示：切断钢筋时，手与刀口的距离不得小于 15cm，切断短料手握端小于 40cm 时。应用套管或夹具将钢筋短头压住或夹住，严禁用手直接送料。

二、钢筋弯曲成型

钢筋弯曲是钢筋加工的主要工序，它是将已切断、配好的钢筋，按照设计要求，加工成不同的形状尺寸，要求形状尺寸正确，平面无扭曲，是一项技术性较强的工作。

钢筋弯曲的方法有机械弯曲和手工弯曲两种。机械弯曲可以流水作业，精度高，质量好，特别适合大批量钢筋加工。施工现场缺少机械设备或加工量少、形状特殊的钢筋可以用人工弯曲。

（一）钢筋弯曲成型工艺流程

画线 → 放大样 → 试弯 → 弯曲成型 → 调整、验收

（二）操作要点

1. 画线

画线是根据料牌上标明的形状尺寸，用石笔将各弯曲点位置画在钢筋上，画线的方法步骤是：

（1）根据不同的弯曲角度扣除弯曲调整值，其扣法是从相邻两段长度中各扣一半。

（2）钢筋端部带半圆弯钩时，该段长度画线时增加 $0.5d$（d 为钢筋直径）。

（3）画线工作宜从钢筋中线开始向两边进行，钢筋两边不对称时，也可从一端开始画线，如画到另一端，尺寸有出入时应加以调整。

（4）弯制形状比较简单或同一形状根数较多的钢筋，可以不在钢筋上画线，而在工作台上按各段尺寸要求，固定若干标志，按标志操作即可。

2. 放大样

形状较为复杂的钢筋应将弯曲角度在工作台上放出大样，作为弯曲的控制标志。

3. 试弯

钢筋画线后，即可试弯 1~2 根，以检查画线的结果是否符合设计要求。如不符合，应对弯曲顺序、画线、弯曲标志、扳距等进行调整再试弯，待试弯合格后方可成批弯制。

4. 弯曲成型

（1）手工弯曲成型。

①为了保证钢筋的弯制质量，操作时扳子不碰扳柱，扳子与扳柱之间应保持一定距离，可参考表 4-7 所列的数值来确定。使用手摇扳时不用考虑此尺寸。

表 4-7 扳子与扳柱之间的距离

弯曲角度	45°	90°	135°	180°
扳距	(1.5~2) d	(2.5~3) d	(3~3.5) d	(3.5~4) d

②扳距、弯曲点线和扳柱的关系如图 4-13 所示。即弯 90°以内的角度时，弯曲点线可与扳柱外缘持平；当弯 135°~180°角

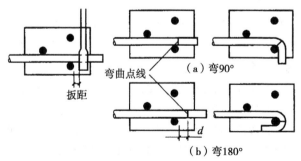

（a）弯90°

（b）弯180°

图 4-13 扳距、弯曲点线和扳柱的关系

度时，弯曲点线距扳柱边缘的距离约为 $1d$。

③弯制钢筋时，起弯时用力要慢，结束时要平稳，防止弯过头或弯不到位。

（2）机械弯曲成型。

①钢筋在弯曲机上成型时（图 4-14），心轴直径应是钢筋直径的 2.5~5.0 倍，成型轴宜加偏心轴套，以便适应不同钢筋直径的钢筋弯曲需要。

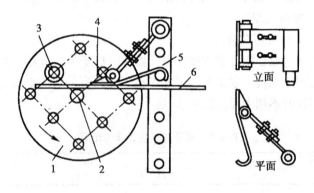

（a）工作简图　　　　　　（b）可变挡架构造

图 4-14　钢筋弯曲成型

1. 工作盘；2. 心轴；3. 成型轴；4. 可变挡架；5. 插座；6. 钢筋

②钢筋弯曲点线与心轴的关系如图 4-15 所示。弯 90°时，弯曲点线与心轴内边缘齐；弯 180°时，弯曲点线距心轴内边缘为 1.0~1.5d（钢筋硬时取大值）。

③对 HRB335 与 HRB400 级钢筋，不得弯过头再弯过来，以免钢筋弯曲点处发生裂纹。

④弯制曲线形钢筋时（图 4-16），可在原工作盘中央放一个十字架和钢套，另外在工作盘的四个孔内插上短轴和成型钢套。在弯曲的过程中，成型钢套起顶弯作用，十字架协助推进。

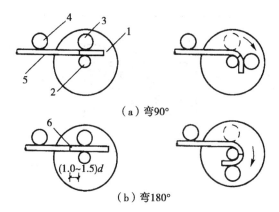

（a）弯90°

（b）弯180°

图 4-15　弯曲点线与心轴的关系

1. 工作盘；2. 心轴；3. 成型轴；4. 固定挡铁；5. 钢筋；6. 弯曲点线

⑤螺旋形钢筋一般可用手摇卷筒成型（图4-17）。

5. 调整、验收

钢筋弯制完成后，应检查成型钢筋级别、规格和形状尺寸是否符合设计要求，如有不符，应及时调整更正。弯制好的钢筋应按不同的构件，按编号，分级别、规格挂牌堆放整齐。

三、典型钢筋弯曲成型

（一）手工弯曲（用手摇扳弯制）

1. 箍筋的弯制

操作前，首先在工作台上以拟弯扳柱为量度起点，在左侧工作台上标出钢筋的1/2长、箍筋长边和短边控制线3个标志（可分别在标志处钉上小钉），控制线分控制内侧尺寸和外侧尺寸两种（图4-18）。

箍筋长 $-2d$、箍筋宽 $-2d$ 为钢筋的内侧控制线；箍筋长 $-d$、箍筋宽 $-d$ 为钢筋的外侧控制线，一般画此线操作较方便。

箍筋的弯制过程如图 4-19（此图以内侧控制线为准弯制）

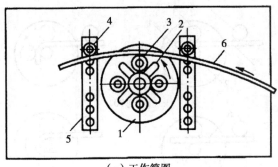

（a）工作简图

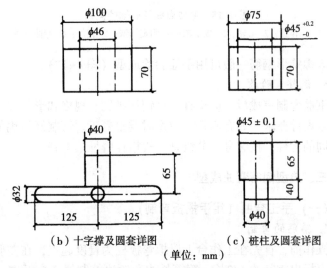

（b）十字撑及圆套详图　　　　（c）桩柱及圆套详图

（单位：mm）

图 4-16　曲线形钢筋成型

1. 工作盘；2. 十字撑及圆套；3. 桩柱及圆套；4. 挡轴圆套；5. 插座板；6. 钢筋

所示分为 5 个步骤。

第一步，在钢筋的 1/2 处弯折 90°（标志与扳柱外侧齐平或略靠里）；

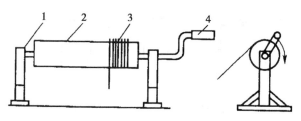

图 4-17 螺旋形钢筋成型

1. 支架；2. 卷筒；3. 钢筋；4. 摇把

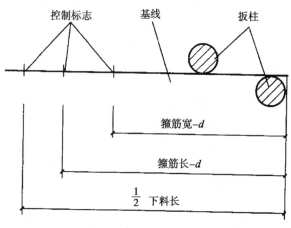

图 4-18 箍筋控制线

第二步，将弯曲后的钢筋逆时针转动 90°，钢筋的内缘紧靠左侧短边控制线弯折短边 90°；

第三步，将弯曲后的钢筋逆时针转动 90°，钢筋的内缘紧靠左侧长边控制线弯长边 135°弯钩；

第四步，将弯曲后的钢筋反转 180°，钢筋的内缘紧靠左侧长边控制线弯长边 90°弯折；

第五步，将弯曲后的钢筋逆时针转动 90°，钢筋的内缘紧靠左侧短边控制线弯短边 135°弯钩。

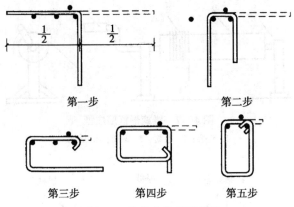

第一步　　　　　　　　　第二步

第三步　　　第四步　　　第五步

图4-19　箍筋弯曲成型步骤

因为，第三步、第五步的弯钩角度大，所以，要比第二步、第四步操作时靠标志略松些，预留一些长度，以免箍筋不方正。

2. 弯起钢筋的弯制

弯起钢筋通常较长，故通常可在工作台的两端设置卡盘，分别在工作台的两端同时完成弯制作业，图4-20所示是典型的弯起钢筋，其弯制过程分下列几个步骤。

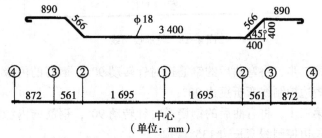

中心
（单位：mm）

图4-20　弯曲点画画线方法

（1）按上述画线的方法在钢筋上画好线（图4-20）。

（2）在工作台上画出弯曲大样如图4-21所示，以控制弯曲角度。

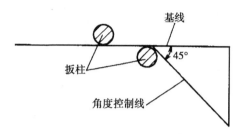

图 4-21　角度控制线

（3）弯制过程分为以下 6 个步骤（图 4-22）。

①按第一个弯曲点线弯一端的 180°弯钩；

②钢筋往右移动至第二个弯曲点线按工作台上的大样弯曲，这时要注意平直，不得发生翘曲；

③钢筋往右移动至第三个弯曲点线按工作台上的大样反向弯曲；

④将钢筋掉过头来弯另一端的 180°弯钩；

⑤重复②的操作；

⑥重复③的操作。至此，弯制工作全部完成。如果两端均有卡盘，在两端分别按①~③步骤操作即可。

（4）调整。钢筋弯制完成后要放在工作台上，看其是否平整，形状是否符合设计要求，如有问题，应及时纠正。

当钢筋的形状比较复杂时，可预先在工程台上放出实样，再用扒钉将钢筋钉在工作台上，以控制各个弯转角，如图 4-23 所示。第一步，在钢筋中段弯曲处钉 2 个扒钉，弯第一对 45°弯；第二步，在钢筋的上段弯曲处钉 2 个扒钉，弯第二对 45°弯；第三步，在钢筋弯钩处钉 2 个扒钉，弯两对弯钩；最后起扒钉。

提示：弯制钢筋时，扳子一定要托平。不能上下摆，以免弯制的钢筋产生翘曲。已发生翘曲的钢筋要及时逐个修整平整。

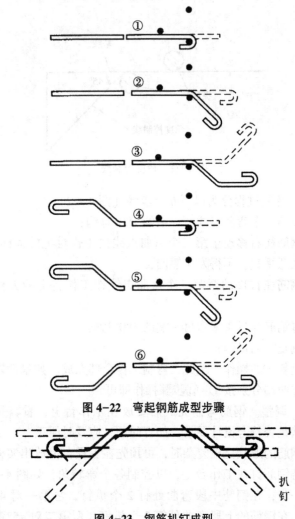

图 4-22　弯起钢筋成型步骤

图 4-23　钢筋扒钉成型

（二）机械弯曲成型

图 4-24 表示用机械弯曲柱子牛腿钢筋的步骤。

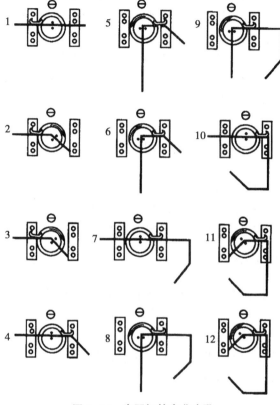

图 4-24　牛腿钢筋弯曲步骤

（1）根据钢筋的直径选择合适的转速和扳柱，画出钢筋弯曲点线，并放进扳柱间。将第一弯曲点与扳柱外缘持平（图中第一步）。

（2）开动机器，当弯曲盘将转至 45°时，立即关闭电源开关，靠弯曲盘的惯性转至 45°处（准确关机时间凭经验掌握，图中第二步至第三步）。

（3）利用颠倒开关使弯曲盘反向转至原来位置，并移动钢筋将第二个弯曲点置于扳柱的外缘（图中第四步）。

（4）弯曲 90°角（图中第五步至第六步）。

（5）重复以上的操作，依次在第三个弯曲点处再弯曲一个90°，在第 4 个弯曲点处再弯曲一个 45°，牛腿钢筋的弯制即告完成（图中第七步至第十二步）。

第四节　钢筋冷加工

钢筋冷加工有冷拉、冷拔、冷轧 3 种，经过冷加工后的钢筋，可以提高其强度和硬度，减小塑性变形，可作预应力钢筋使用。本节着重介绍冷拉和冷拔的加工工艺。

一、钢筋的冷拉

钢筋冷拉是在常温下对钢筋进行强力拉伸，拉应力超过钢筋的屈服强度，使钢筋产生塑性变形（拉长），而使钢筋的屈服点和抗拉强度显著提高的方法。冷拉过程可以起到调直、除锈的作用。冷拉Ⅰ级钢筋适用混凝土构件中的受拉钢筋，冷拉Ⅱ级、Ⅲ级、Ⅳ级钢筋可作预应力筋。

钢筋冷拉时，可采用双控（既控制冷拉应力，又控制冷拉率）和单控（控制应力或控制冷拉率）两种方法进行控制。冷拉率是通过试验确定的，但不应超过表4-8所规定的范围。

表4-8　钢筋冷拉参数

钢筋种类	双控		单控
	冷拉应力（MPa）	冷拉率（%）不大于	冷拉率（%）
Ⅰ级钢筋	—	—	不大于10.0
Ⅱ级钢筋	440	5.5	3.5~5.5

（续表）

钢筋种类	双控		单控
	冷拉应力（MPa）	冷拉率（%）不大于	冷拉率（%）
Ⅲ级钢筋	520	5.0	3.5~5.0
Ⅳ级钢筋	735	4.0	2.5~4.0
Ⅴ级钢筋	440	6.0	4.0~6.0

1. 控制应力法

控制应力值如表4-9所示，冷拉后检查钢筋的冷拉率，以不超过表4-9者为合格，超过者要进行力学性能检验。

表4-9　冷拉控制应力及最大冷拉率

钢筋级别	钢筋直径（mm）	冷拉控制应力（N/mm²）	最大冷拉率（%）
Ⅰ级	≤12	280	10.0
Ⅱ级	≤25	450	5.5
	28~40	430	
Ⅲ级	8~40	500	5.0
Ⅳ级	10~28	700	4.0

2. 控制冷拉率法

用此法时，冷拉率的控制值必须由试验确定。对同炉批钢筋测定的试件不宜少于4个，每个试件都按表4-10规定的冷拉应力值在万能试验机上测定相应的冷拉率，取其平均值作为该炉批钢筋的实际冷拉率。不同炉批的钢筋不宜用控制冷拉率的方法进行冷拉。

确定控制冷拉率后，还要通过实际试拉，再切取试件实验，各项指标符合要求后，才能成批冷拉。

钢筋冷拉速度不宜过快，一般以5mm/秒为宜，或以

5N/（mm² · 秒)增加冷拉应力，当拉至控制值时，停车2~3分钟，再行卸载，使钢筋变形较为稳定，以减少钢筋的回弹。

冷拉钢筋的力学性能见表4-11。

表4-10　测定冷拉率时钢筋的冷拉应力

钢筋级别	钢筋直径（mm）	冷拉应力（N/mm²）
Ⅰ级	≤12	310
Ⅱ级	≤25	480
	28~40	460
Ⅲ级	8~40	530
Ⅳ级	10~28	730

表4-11　冷拉钢筋的力学性能

钢筋级别	公称直径 d （mm）	屈服点 σ_s （MPa）	抗拉强度 σ_b （MPa）	伸长率 （%）	冷弯	
		不小于			弯曲角度	弯心直径
冷拉Ⅰ级	6~12	280	370	11	180°	3d
冷拉Ⅱ级	8~25	450	510	10	90°	3d
	28~40	430	490		90°	4d
冷拉Ⅲ级	8~40	500	570	8	90°	5d
冷拉Ⅳ级	10~28	700	835	6	90°	5d

注：表中 d 为钢筋直径，直径大于25mm 的冷拉Ⅲ级、Ⅳ级钢筋，冷弯弯心直径应 增加1d

二、冷拉设备和冷拉工艺

(一) 冷拉设备
钢筋冷拉的主要设备如下。

1. 电动卷扬机
一般电动卷扬机的牵引力为 29~49kN （3~5tf），卷筒直径为 350~450mm，卷筒速度为 6~8r/分钟。

2. 滑轮组及回程滑轮组

冷拉滑轮组的门数和吨位，一般采用 3~8 门，150~500kW。回程滑轮组的门数和吨位，当冷拉和回程采用同一台卷扬机，以卷筒正反转实现回程时，其门数与冷拉滑轮组相同。当采用专用卷扬机实现回程时，一般采用 2~3 门，30~50kN。

3. 冷拉夹具

冷拉夹具是夹紧钢筋的器具，要求夹紧力强，安全可靠，经久耐用，操作方便。目前常用的夹具如下。

（1）楔块式夹具。该夹具采用优质碳素钢制作，适用于冷拉直径 14mm 以下的钢筋。

（2）偏心夹具。采用优质碳素钢制作，适用于冷拉Ⅰ级盘圆钢筋。

（3）槽式夹具。没有固定的形式和规格，视现场情况而定。适用于冷拉两端有螺杆或镦粗头的钢筋。此外，还有月牙形夹具和圆锥形齿板夹具等形式。

4. 测力器

测力器是控制钢筋冷拉应力的测量装置，主要有：千斤顶测力器（图 4-25）、弹簧测力器、电子秤测力器（图 4-26）和拉力表（图 4-27）等。

5. 盘圆钢筋开盘装置

开盘装置有人工操作、卷扬机、电动跑车等形式，其功能是将盘圆钢筋放开，夹在两端夹具上。

6. 地锚

在冷拉现场的两端均应设置地锚。地锚的一端固定卷扬机和滑轮组的定滑轮，另一端固定钢筋的夹具。图 4-28 所示为常见的几种地锚形式。图 4-29 为传力式台座形式，它适用于有混凝土地坪的冷拉场地固定冷拉设备和夹具。

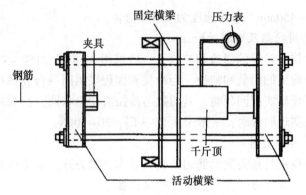

图 4-25 千斤顶测力器和工作状态

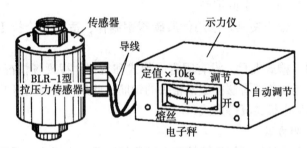

图 4-26 电子秤测力器

图 4-27 拉力表

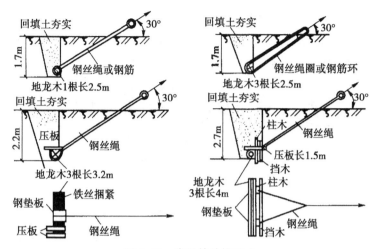

图 4-28　常见的地锚形式

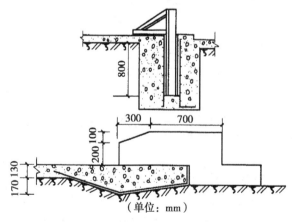

（单位：mm）

图 4-29　传力式台座

（二）冷拉工艺

钢筋的冷拉工艺是根据采用的机械设备，钢筋品种、规格以及现场条件而定的。现场常用的有以下几种冷拉工艺。

1. 阻力轮冷拉工艺

阻力轮冷拉工艺，如图4-30所示，主要适用于冷拉钢筋直径为6~8mm的盘圆钢筋，冷拉率为6%~8%。

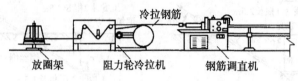

图4-30　阻力轮冷拉工艺

2. 卷扬机冷拉工艺

卷扬机冷拉钢筋设备工艺布置方案，如图4-31所示，其中，图4-31（a）和图4-31（b）是细钢筋冷拉工艺的两种布置方

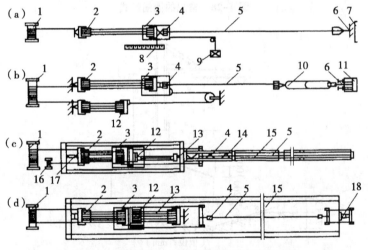

图4-31　卷扬机冷拉钢筋设备工艺布置方案

1. 卷扬机；2. 滑轮组；3. 冷拉小车；4. 钢筋夹具；5. 钢筋；6. 地锚；7. 防护壁；8. 标尺；9. 回程荷重架；10. 连接杆；11. 弹簧测力器；12. 回程滑轮组；13. 传力架；14. 钢压柱；15. 槽式台座；16. 回程卷扬机；17. 电子秤；18. 液压千斤顶

案；图4-31（c）和图4-31（d）是粗钢筋冷拉工艺的两种布置方案。卷扬机冷拉工艺是施工现场用得最多的冷拉工艺，它具有适应性强，设备简单、效率高、成本低等优点。

3. 丝杠粗钢筋冷拉工艺

丝杠粗钢筋冷拉工艺与卷扬机冷拉工艺基本相同，主要不同的地方是冷拉设备用丝杠代替卷扬机。适用于冷拉直径16mm以上的钢筋，如图4-32所示。

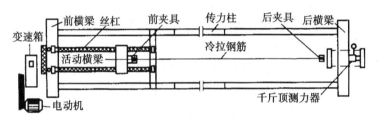

图4-32　丝杠粗钢筋冷拉工艺

4. 液压粗钢筋冷拉工艺

液压粗钢筋冷拉工艺（图4-33）是用液压冷拉机代替钢筋冷拉设备，具有设备紧凑、准确、效率高、劳动强度小等特点，适用于冷拉直径20mm以上的钢筋。

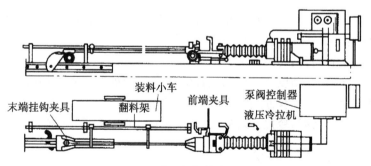

图4-33　液压粗钢筋冷拉工艺

三、一般冷拉工艺流程和操作要点

（一）一般冷拉工艺流程

钢筋上盘 → 放圈 → 切断 → 夹紧夹具 → 冷拉 → 放松夹具 →

→ 捆扎堆放 → 分批验收

（二）操作要点

1. 控制冷拉应力法操作要点

（1）复核钢筋的冷拉吨位及相应的测力器读数、钢筋冷拉增长值，记在黑板上并交底。

（2）钢筋就位，拉伸至10%冷拉控制应力时停机，做好标记，作为钢筋拉长值的起点。这项工作做好后继续加力冷拉。

（3）继续冷拉至规定控制应力时停机，将钢筋放松到10%控制应力，量出钢筋实际拉长值，然后完全放松钢筋，并测出其弹性回缩值。

（4）冷拉完毕，将各项数据及时填写在冷拉记录本上。

2. 控制冷拉率法操作要点

（1）冷拉前对各项设备的完好程度作逐一检查后，卷扬机应空载试运行1次。

（2）由冷拉率算出钢筋冷拉后的总长度，在冷拉线上作出准确、明显的标记，用以控制冷拉率。

（3）将钢筋固定就位。

（4）开动设备，当总拉长值达到标记处时，立即停机，放松夹具，取下钢筋，并记录各项数据。

（5）钢筋冷拉可以在0℃以下进行，但不宜低于-20℃。

四、钢筋的冷拔

钢筋冷拔是在常温下，通过图4-34所示的合金拔丝模，强制钢筋沿轴向拉伸并径向压缩，使钢筋产生较大塑性变形，从而提高钢筋的抗拉强度。这种经冷拔加工的钢筋称为冷拔低碳钢丝。冷拔低碳钢丝分为甲、乙级，甲级钢丝主要用于预应力构件的预应力筋，乙级钢丝用于焊接网和焊接骨架、架立筋、箍筋和构造钢筋。

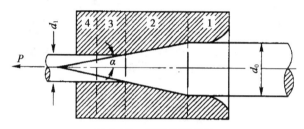

图4-34　拔丝模示意图

1. 进口区；2. 挤压区；3. 定径区；4. 出口区

（一）钢筋冷拔次数

冷拔的总压缩率和冷拔次数对钢丝质量和生产效率都有很大影响，一般要经过数次冷拔后才能达到要求的直径，冷拔次数可按表4-12正确选择。

表4-12　钢丝冷拔次数参考

钢筋直径 (mm)	盘条直径 (mm)	冷拔总压缩率 (%)	冷拔次数和拔后直径 (mm)					
			第一次	第二次	第三次	第四次	第五次	第六次
ϕ_5^b	8	61	6.5 7.0	5.7 6.3	5.0 5.7	5.0		
ϕ_4^b	6.5	62.2	5.5 5.7	4.6 5.0	4.0 4.5	4.0		
ϕ_3^b	6.4	78.7	5.5 5.7	4.6 5.0	4.0 4.5	3.5 4.0	3.0 3.5	3.0

注：表中每个项次的两组数据表示两个冷拔方案

（二）冷拔设备

冷拔设备主要由拔丝机、拔丝模、剥皮装置、轧头机等组成，如图4-35所示。

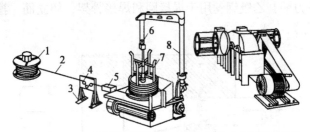

(a)立式单卷筒拔丝机　　(b)卧式双卷筒拔丝机

图4-35　冷拔设备

1. 盘圆架；2. 钢筋；3. 剥皮装置；4. 槽轮；
5. 拔丝模；6. 滑轮；7. 绕丝筒；8. 支架

（三）工艺流程

轧头→剥皮→通过润滑剂→进入拔丝模→拔丝

（四）操作要点

（1）冷拔前应对Ⅰ级热轧圆盘条钢筋进行必要的检查，防止与其他钢号不明的钢筋混杂，出现氧化铁锈皮的应用除锈剥皮机进行处理。

（2）钢筋轧头是为了使钢筋能方便地穿过冷拔丝模，用轧头机将钢筋前面一段轧细的工作。轧头要求圆度均匀，长约300mm，其直径比拔丝模孔径小0.5~0.8mm。每冷拔1次要轧头1次。为了减少轧头次数，可以用对焊将钢筋连接，但应将焊缝处的凸缝用砂轮锉平磨滑，以保护设备及拔丝模。

（3）操作前应按常规对设备进行检查和空载运转1次。

（4）钢筋穿入拔丝模前要通过润滑盒，使钢筋粘带了润滑剂再进入拔丝模。

（5）将经过轧头的钢筋穿入模孔，上好夹具挂上拔丝钩固定在拔丝机的卷筒上。然后开动机器，由于卷筒的旋转强力将钢丝通过拔丝模盒，而使拔细的钢丝盘在拔丝机的卷筒上。

（6）拔丝成品应随时检查，发现砂孔、沟痕、夹皮时，应及时更换拔丝模或调整转速。

（五）钢筋冷加工注意事项

（1）开机前一定要检查设备的完好情况，并试运转，一切正常后再正式操作。

（2）操作过程中注意力要高度集中，防止钢筋突然拉断或拔到最后钢筋弹出伤人。

（3）机器在运转过程中，不得进行修理，操作人员必须戴好安全帽和防护镜。

（4）拔丝时的温度可高达100~200℃，要防止人员烫伤。

第五章　钢筋机械连接、焊接连接

第一节　钢筋机械连接

钢筋机械连接又称为"冷连接"，是继绑扎搭接、焊接连接之后的第三代钢筋接头技术。具有接头强度高于钢筋母材、速度比电焊快、无污染、节省钢材等优点。套丝成型前，必须保证钢筋切口平齐。在钢筋直螺纹加工检验合格后，戴上连接套筒保护帽或拧上钢筋连接套筒，以防碰伤和生锈。钢筋连接前，摘掉保护帽，对钢筋进行除锈，如图5-1至图5-6所示。

图5-1　钢筋机械套丝　　　　图5-2　钢筋切口断面平齐

一、钢筋机械连接步骤

钢筋就位→拧下钢筋丝扣保护帽→接头拧紧→作标记→施工检验。

（1）钢筋就位。将丝扣检验合格的钢筋搬运至待连接处，

图 5-3　钢筋切口断面不平齐

图 5-4　钢筋加工完带好保护帽

图 5-5　钢筋保护帽节点

图 5-6　钢筋手工除锈

如图 5-7 所示。

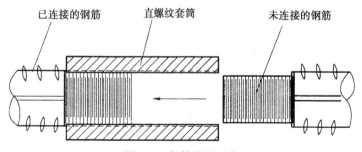

图 5-7　钢筋就位示意

（2）接头拧紧。用扳手和管钳将连接接头拧紧。

（3）做标记。对已经拧紧的接头做标记，与未拧紧的接头区分开。

（4）钢筋接头连接方法。连接时，先取下连接端的塑料保护帽，检查丝扣是否完好无损，规格与套筒是否一致；确认无误后，把拧上连接套筒一头的钢筋拧到被连接钢筋上，并用力矩扳手按规定的力矩值拧紧钢筋接头；当听到扳手发出"咔嗒"一声时，表明钢筋接头已被拧紧，作好标志，以防钢筋接头漏拧，如图 5-8 所示。

图 5-8　钢筋接头连接方法

二、径向挤压连接

（1）方法。将 1 个钢筋套筒套在 2 根带肋钢筋端部，用超高压液压设备（挤压钳）沿钢筋套筒径向挤压钢套管，在挤压钳挤压力作用下，钢套筒产生塑性变形与钢筋紧密结合，通过钢套筒与钢筋横肋的咬合，将 2 根钢筋牢固连接在一起，如图 5-9、图 5-10 所示。

（2）特点。接头强度高，性能可靠，能够承受高应力反复拉压载荷及疲劳载荷；操作简便，施工速度快，节约能源和材料，综合经济效益好，该方法已在工程中大量应用。

（3）适用范围。适用于直径 18~50mm 的 HRB335、HRB400、HRB500 级带肋钢筋（包括焊接性差的钢筋），相同直径或不同直径钢筋之间的连接。

（4）剥肋滚压直螺纹连接。径向挤压连接的一种连接形式，先将钢筋接头纵、横肋剥切处理，使钢筋滚丝前的柱体直径达到同一尺寸，然后滚压成型。它集剥肋、滚压于一体，成型螺纹精度高，滚丝轮寿命长，是目前直螺纹连接的主流技术，如图 5-11 至图 5-15 所示。

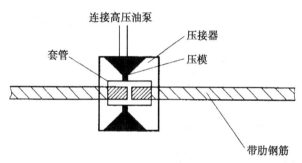

图 5-9　钢筋连接原理

图 5-10　钢筋直螺纹连接

图 5-11　钢筋套筒

图 5-12　待连接钢筋

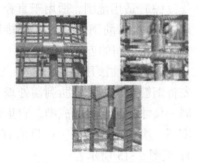

图 5-13　不合格的直螺纹
连接形式

钢筋套筒连接，外留丝扣不能超过2个

图 5-14　钢筋连接外留丝扣

图 5-15　已连接好的带肋钢筋

三、轴向挤压连接

（1）方法。采用挤压机的压模，沿钢筋轴线冷挤压专用金属套筒，把插入套筒里的 2 根热轧带肋钢筋紧固成一体。

（2）特点。操作简单，连接速度快，无明火作业，可全天候施工，节约大量钢筋和能源。

（3）适用范围。适用于按一、二级抗震设防要求的钢筋混凝土结构中直径 20~32mm 的 HRB335、HRB400 级热轧带肋钢筋现场连接施工，如图 5-16 所示。

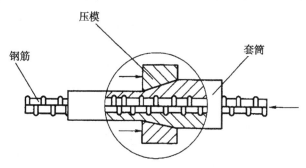

图 5-16　轴向挤压连接原理

四、锥螺纹连接

（1）方法。利用锥螺纹能承受拉、压 2 种作用力及其自锁灶、密封性好的特点，将钢筋的连接端加工成锥螺纹，按规定的力矩值把钢筋连接成一体。

（2）特点。工艺简单，可以预加工，连接速度快，同心度好，不受钢筋含碳量和有无花纹限制。

（3）适用范围。适用于工业与民用建筑及一般构筑物的混凝土结构中钢筋直径 16~40mm 的 HRB335、HRB400 级竖向、斜向或水平钢筋的现场连接施工。如图 5-17 至图 5-19 所示。

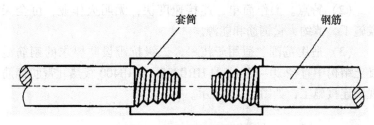

图 5-17　锥螺纹连接原理

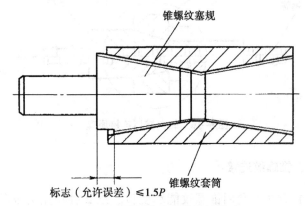

图 5-18　锥螺纹套筒锥螺纹检验

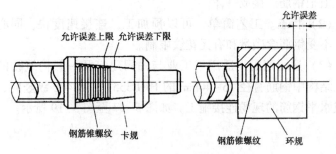

图 5-19　钢筋锥螺纹检验

第二节　钢筋焊接连接

一、钢筋电阻点焊

（1）含义。将两钢筋安放成交叉叠接形式，压紧于两电极之间，利用电阻热熔化母材金属，加压形成焊点的一种压焊方法。

（2）特点。钢筋混凝土结构中的钢筋焊接骨架和焊接网，宜采用电阻点焊制作。以电阻点焊代替绑扎，可以提高劳动生产率、骨架和网的刚度以及钢筋（钢丝）的设计计算强度，宜积极推广应用。

（3）适用范围。适用于直径 6~16mm HPB300、HRB335 级热轧钢筋，直径 3~8mm 冷拔低碳钢丝和直径 4~12mm 冷轧带肋钢筋的焊接连接，如图 5-20 所示。

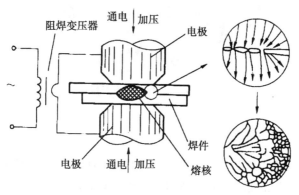

图 5-20　钢筋电阻点焊

二、钢筋闪光对焊

（1）含义。将两钢筋安放成对接形式，利用焊接电流通过两钢筋接触点产生塑性区及均匀的液体金属层，迅速施加顶锻力完成的一种压焊方法。

（2）特点。具有生产效益高、操作方便、节约能源、节约钢材、接头受力性能好、焊接质量高等很多优点，故钢筋的对接连接宜优先采用闪光对焊。

（3）适用范围。适用于直径 10～40mm HPB300、HRB335、HRB400 级钢筋和直径 10～25mm HRB500 级钢筋的焊接连接，如图 5-21 所示。

图 5-21　钢筋闪光对焊

三、钢筋电弧焊

（1）含义。以焊条作为一极，钢筋为另一极，利用焊接电流通过产生的电弧热进行焊接的一种熔焊方法。

（2）特点。轻便、灵活，可用于平、立、横、仰全位置焊接，适应性强、应用范围广。

（3）适用范围。适用于构件厂内，也适用于施工现场。可用于钢筋与钢筋以及钢筋与钢板、型钢的焊接连接，如图5-22所示。

图5-22　钢筋电弧焊

四、钢筋电渣压力焊

（1）含义。将两钢筋安放成竖向对接形式，通过直接引弧法或间接引弧法，利用焊接电流通过两钢筋端面间隙，在焊剂层下形成电弧过程和电渣过程，产生电弧热和电阻热，熔化钢筋，加压完成的一种压焊方法。

（2）特点。操作方便，效率高。

（3）适用范围。适用于直径14～40mm HPB300、HRB335级钢筋的焊接连接，主要用于柱、墙、烟囱、水坝等现浇钢筋混凝土结构（建筑物、构筑物）中竖向或斜向（倾斜度在10°内）受力钢筋的连接。

（4）外观合格标准。四周焊包凸出钢筋表面的高度，当钢筋直径为25mm及以下时，不得小于4mm；当钢筋直径为28mm及以上时，不得小于6mm；钢筋与电极接触处，应无烧伤缺陷；接头处的弯折角度不得大于2°；接头处的轴线偏移不得大于1mm，如图5-23、图5-24所示。

图 5-23 钢筋电渣压力焊　　　　图 5-24　钢筋电渣压力焊
　　　　　　　　　　　　　　　　（外观没有达到合格标准）

五、钢筋气压焊

（1）含义。采用氧乙炔火焰或氧液化石油气火焰（或其他火焰），对两钢筋对接处加热，使其达到热塑性状态（固态）或熔化状态（熔态）后，加压完成的一种压焊方法。

（2）特点。设备轻便，可用于钢筋在水平位置、垂直位置或倾斜位置的对接焊接。

（3）适用范围。适用于直径 14~40mm HPB300、HRB335、HRB400 级热轧钢筋相同直径或径差不大于 7mm 的不同直径钢筋间的焊接连接，如图 5-25 所示。

图 5-25　钢筋气压焊

六、预埋件钢筋埋弧压力焊

（1）含义。将钢筋与钢板安放成 T 形接头形式，利用焊接电流通过，在焊剂层下产生电弧，形成熔池，加压完成的一种压焊方法。

（2）特点。生产效率高，质量好，适用于各种预埋件 T 形接头钢筋与钢板的焊接，预制厂大批量生产时，经济效益尤为显著。

（3）适用范围。适用于直径 6～25mm HPB300、HRB335 级热轧钢筋与厚度 6～20mm Q235A 普通碳素钢板的焊接连接，钢板厚度与钢筋直径相匹配，如图 5-26 所示。

图 5-26 预埋件钢筋埋弧压力焊

第六章 钢筋的绑扎与安装

绑扎搭接是钢筋连接的主要方法，其基本做法是：将钢筋按规定长度搭接，再借助相应的工具在交叉点用铁丝绑牢。按绑扎工艺来分，绑扎搭接分为模内绑扎和预先绑扎后再在现场安装两种，前者较为常见。

钢筋的绑扎与安装是钢筋施工的重要工序，也是钢筋工进行的最后一道工序。钢筋绑扎安装一般采用预先加工成型，再在模内组合绑扎的方法，即模内绑扎。若现场的起重安装能力较强，也可以采用预先焊接或绑扎的方法将单根钢筋组合成钢筋网片或钢筋骨架，然后到现场吊装。在一些复杂结构的钢筋施工中，还需要采用先弯曲成型、后模内组合绑扎的方法。

第一节 钢筋绑扎前的准备

一、钢筋绑扎搭接的适用范围

钢筋绑扎搭接工艺简单、应用较广，但绑扎搭接是通过混凝土的黏结力来间接传递钢筋间的应力的，与焊接和机械连接相比，其可靠性差一些，故《混凝土结构设计规范》（GB 50010—2002）中规定，下列情况不得或不宜采用绑扎搭接。

（1）轴心受拉和小偏心受拉杆件（如桁架和拱的拉杆）的纵向受力钢筋不得采用绑扎搭接接头。

（2）当受拉钢筋的直径 $d>28$mm 及受压钢筋的直径 $d>32$mm

时，不宜采用绑扎搭接接头。

（3）需进行疲劳验算的构件，其纵向受拉钢筋不得采用绑扎搭接接头，也不宜采用焊接接头，且严禁在钢筋上焊有任何附件（端部锚固除外）。

二、钢筋绑扎搭接接头

（1）钢筋绑扎搭接位置的要求以及钢筋位置的允许偏差应符合《混凝土结构工程施工及验收规范》（GB 50204—2002）的规定。

（2）钢筋绑扎搭接时，应用扎丝在搭接部分的中心和两端扎紧。绑扎接头的形式如图6-1所示，其中，l_1为钢筋绑扎搭接长度。

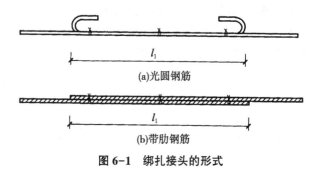

(a)光圆钢筋

(b)带肋钢筋

图 6-1 绑扎接头的形式

（3）钢筋绑扎接头的最小搭接长度应符合表6-1规定。

表 6-1 钢筋绑扎接头的最小搭接长度

钢筋类型	受力情况	
	受拉	受压
Ⅰ级钢筋	30d	20d
Ⅱ级钢筋	35d	25d
Ⅲ级钢筋	40d	30d
冷拔低碳钢丝	250mm	200mm

注：d为钢筋直径

（4）绑扎钢筋的扎丝头应朝内，不得侵入混凝土保护层厚度内。

（5）在绑扎钢筋接头时，一定要保证接头扎牢，然后再与其他钢筋绑扎，在绑扎时应注意主筋的混凝土保护层厚度，并保证绑扎的钢筋网片或钢筋骨架不发生变形或松脱现象。

三、钢筋绑扎操作工艺

1. 绑扎工具

钢筋网、架绑扎时的工具主要有钢筋钩子、小撬棍、绑扎架、粉笔、尺子、垫块、扳手等。

（1）钢筋钩。钢筋钩是绑扎钢筋的主要工具，其基本形式如图 6-2 所示。它是用直径为 12~16mm、长度为 160~200mm 的圆钢筋制成的。根据工程需要，还可以在其尾部加上套筒或小扳口等。

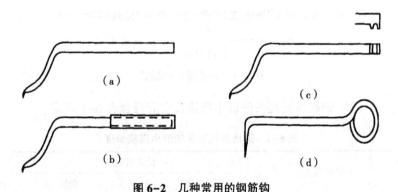

图 6-2　几种常用的钢筋钩

（2）小撬棍。小撬棍的作用是调整钢筋间距，矫直钢筋的部分弯曲以及用来放置保护层水泥垫块。其外形如图 6-3 所示。

（3）绑扎架。当采用预先绑扎在现场安装的工艺时，需要借助于钢筋绑扎架。为便于钢筋骨架的绑扎，常采用直径 20mm

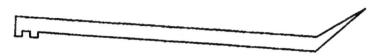

图 6-3　带扳口的小撬棍

的钢筋焊制而成，如图 6-4 和图 6-5 所示。

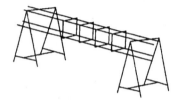

图 6-4　轻骨架绑扎架

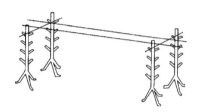

图 6-5　重骨架绑扎架

2. 绑扎辅助材料

（1）绑扎用的铅丝。绑扎钢筋用的铅丝，主要采用 20～22 号铁丝（火烧丝）或镀锌铁丝（铅丝）。当绑扎钢筋直径在 12mm 以下时，宜用 22 号铁丝；直径在 12～25mm 时，宜用 20 号铁丝；直径在 25mm 以上时，宜用 18 号铁丝。

钢筋绑扎所需铁丝的长度不宜过长或过短，铁丝长度可参考表 6-2。例如，绑扎两直径为 12mm 的钢筋，所需的铁丝长度为 20cm。

表 6-2　钢筋绑扎铁丝所需长度　（cm）

钢筋直径（mm）	3~4	5	6	8	10	12	14	16	18	20	22	25	28	32
3~4	11	12	12	13	14	15	16	18	19					
5		12	13	13	14	16	17	18	20	21				
6			13	14	15	16	18	20	21	23	25	27	30	32

（续表）

钢筋直径(mm)	3~4	5	6	8	10	12	14	16	18	20	22	25	28	32
8				15	17	17	18	20	22	25	26	28	30	32
10					18	19	20	22	24	25	26	28	31	34
12						20	22	23	25	26	27	29	31	34
14							23	24	25	27	28	30	32	35
16								25	26	28	30	31	33	36
18									27	30	31	33	35	37
20										31	32	34	36	38
22											34	35	37	39

（2）垫块。为保证钢筋的位置正确，满足钢筋所需的混凝土保护层厚度，应事先准备好符合要求的垫块，以垫撑钢筋骨架。垫块宜用与结构强度相等的细石混凝土制成，也可采用塑料卡（图6-6）、拉筋、支撑筋等。

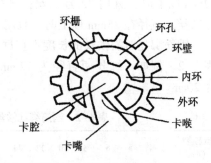

（a）塑料垫块　　　　　　　　　（b）塑料环圈

图6-6　控制混凝土保护层用的塑料卡

3.绑扎操作方法

钢筋绑扎就是借助钢筋钩用铅丝扎成绑扎扣，把各种单根钢筋绑扎成整体骨架或网架。钢筋绑扎操作方法应根据绑扎构件的类型来选择。

（1）一面顺扣法。这种方法是目前最常用的一种方法。其成型操作，如图6-7所示。绑扎前，先将被整齐切断的绑扎铅丝在中间弯折180°并整理好。在绑扎时，左手拿铅丝靠近钢筋绑扎点的底部，右手拿钢筋钩，食指压住钩前部，钩尖端钩着铅丝底扣处，并紧靠铅丝开口端，绕铅丝拧紧一周半。

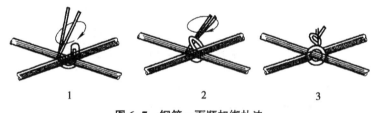

| 1 | 2 | 3 |

图6-7 钢筋一面顺扣绑扎法

一面顺扣法操作简单方便，绑扎效率高，通用性强，绑扎牢固，适用于钢筋网、架各个部位的绑扎。

（2）其他绑扎法。钢筋绑扎除了一面顺扣法外，还有十字花扣、兜扣、缠扣、兜扣加缠、套扣等，如图6-8所示。

第二节 钢筋的绑扎与安装

现以图2-9中的简支梁为例，来介绍模内绑扎钢筋的绑扎技术。

一、梁

根据前面的要求，我们已经根据配料单完成了各种编号钢筋的加工工作，准备好了绑扎工具及辅助材料，确定了钢筋扣的绑

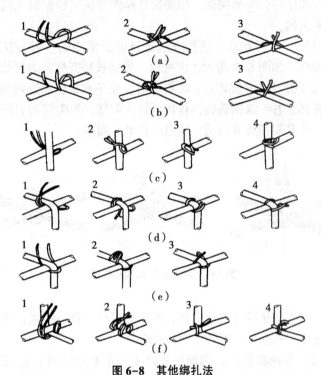

图 6-8 其他绑扎法

(a) 兜扣 (b) 十字花扣 (c) 缠扣 (d) 反十字花扣

(e) 套扣 (f) 兜扣加缠

扎形式,因而就可以进行具体的绑扎工作了。

在绑扎过程中,可以按以下步骤进行。

(1) 布置梁底部钢筋(主筋)。按照图纸要求,支好底模板,在底模上先布置梁下部钢筋(①号、②号钢筋)和梁侧面钢筋(⑤号钢筋),并架立起来。

(2) 布置梁上部钢筋(架立筋)。布置梁上部纵向钢筋(③号、④号钢筋),并架立起来。

（3）画箍筋位置线。根据图纸中箍筋间距，在架立筋上画好箍筋位置线。画线时应注意：第一个箍筋的位置应距支座边缘50mm。

（4）穿套箍筋。依次将全部箍筋（⑥号钢筋）套入。穿套时应注意：应将箍筋的弯钩叠合处错开。如图6-9所示。

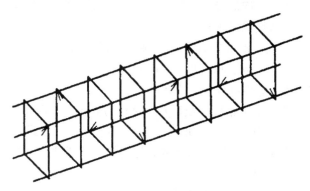

图6-9 梁箍筋接头交错布置示意图

（5）绑扎梁上部钢筋。隔一定间距将箍筋（⑥号钢筋）与架立筋（④号钢筋）绑扎牢固，然后再按照在架立筋上标记的箍筋位置将箍筋与架立筋用图6-8所示的套扣法绑扎牢靠。

（6）绑扎梁下部钢筋。将原先架立起来的下层主筋（①号、②号钢筋）由架立位置放下，并采用如图6-8所示的反十字花扣或兜扣加缠法将下层主筋与箍筋的交叉点逐点绑扎牢固。

（7）绑扎梁侧面钢筋、拉结钢筋。将腰筋（⑤号钢筋）置于正确的位置，与箍筋（⑥号钢筋）绑扎，最后将拉筋（⑦号钢筋）绑扎到位。

（8）放置垫块。将绑扎完成的钢筋骨架放在梁模板上，并在梁的底部和梁的侧面绑好垫块。

模外绑扎是指先在梁模板上口将梁钢筋骨架绑扎成型后，再置入模内。

二、板

现以图 2-13、图 2-14 所示的板为例，说明板的绑扎过程。

（1）看图，弄清钢筋布置情况。如图 2-13 所示，其中，板底部配有 2 个方向的受力钢筋，即①号、②号钢筋，板面设有③号、④号构造钢筋沿板边布置。

（2）画线。清理模板上面的杂物，根据施工图中所标示的钢筋间距，在模板上画出两个方向的板底钢筋分布线。同时，将板面钢筋的分布线在模板上做出标记。

（3）摆放受力钢筋。我们知道该板为双向板，板底 2 个方向的钢筋均为受力钢筋，因此摆放时，应将短向的钢筋放在最下面，即先摆放①号钢筋，再摆放②号钢筋。预埋件、电线管、预留孔等应及时配合安装。

（4）绑扎主筋。绑扎主筋时一般采用一面顺口法（图 6-7）进行绑扎，对于双向板要求各交叉点均应绑扎，且绑扎时每个绑扎点的铅丝扣方向要求变换 90°，如图 6-10 所示。这样绑扎的钢筋网整体性好，不易发生歪斜变形。另外，绑扎时应注意保持主筋两端的弯钩朝上。

（5）摆放、绑扎板面构造钢筋。按照图纸中的间距要求，将板面构造钢筋③号、④号和相应的分布钢筋摆放好，然后绑扎③号、④号钢筋。绑扎时，每个交叉点均应牢固绑扎。

（6）绑扎完成后，在底模上安放预先准备好的砂浆垫块。垫块的间距约 1.5 m，垫块的厚度等于保护层厚度，保护层的厚度应满足设计要求，如果设计无要求时，板的保护层厚度应为：当采用 C20 混凝土时，取 20mm；当混凝土的强度等级 >C20 时，取 15mm。

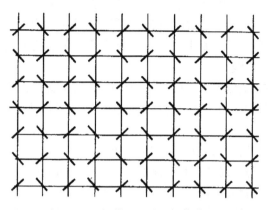

图 6-10 钢筋网一面顺口绑扎法

三、柱

现以楼层的柱为例，介绍柱钢筋骨架绑扎的操作步骤。

（1）剔凿柱混凝土表面的浮浆。为保证上层柱混凝土与下层柱混凝土之间的黏结，应将下层柱混凝土表面浮浆剔凿并清理干净。

（2）修理柱子钢筋。将下层柱伸出的搭接钢筋扶正、清理干净。

（3）套柱箍筋。根据图纸要求的钢筋间距，计算每根柱箍筋的数量，并按设计要求加工完成，然后将箍筋套在下层柱伸出的搭接钢筋上。

（4）立柱的主筋（竖向钢筋）。将已加工好的柱主筋立起来，与下层伸出的搭接钢筋进行搭接，在搭接长度内，绑扣不少于 3 个，绑扣要朝向柱中心。如果柱子主筋采用光圆钢筋搭接时，转角部位钢筋的弯钩应与模板成 45°，柱中间部位钢筋的弯钩应与模板成 90°。

（5）搭接绑扎竖向钢筋。柱子主筋立起来后，将上、下主筋搭接绑扎。其搭接长度和接头面积百分率应符合设计要求。

（6）画箍筋位置线。在立好的柱子竖向钢筋上按图纸要求画出钢筋间距线。

（7）柱箍筋绑扎。对于已画好的箍筋位置线，将已套好的箍筋往上移动，由上往下绑扎，绑扎时宜采用如图 6-8 所示的缠扣绑扎。

柱箍筋绑扎时，应注意如下要求。

①箍筋与主筋要垂直，箍筋转角处与主筋交点均要绑扎，主筋与箍筋非转角部分的相交点呈梅花交错绑扎。

②箍筋的弯钩叠合处应沿柱子竖筋交错布置，并绑扎牢固，如图 6-11 所示。

③在有抗振要求的地区，柱箍筋端头应弯成135°，平直部分的长度不应小于 10d（d 为箍筋的直径）且不小于 75mm。

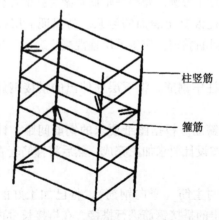

柱竖筋

箍筋

图 6-11　柱箍筋交错布置示意图

④柱基、柱顶、梁柱交接处箍筋间距应按设计要求加密。如果设计要求箍筋设拉筋时，拉筋应勾住箍筋，如图 6-12 所示。

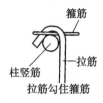

图 6-12 拉筋布置示意图

（8）置放垫块。为保证柱主筋保护层厚度准确，应将带有铁丝的垫块绑在柱竖筋外皮上，间距一般为 1 000mm，或用塑料卡卡在外竖筋上。

四、墙

（1）立 2~4 根主筋。先立 2~4 根竖向钢筋，以便定位，并将其与下层伸出的搭接钢筋绑扎。

（2）画水平筋位置线。根据设计要求的水平钢筋间距，在立筋上画出水平钢筋的分档位置线。

（3）绑定位横向钢筋，画纵筋位置线。在下部及齐胸处绑两根横向定位钢筋，并在横筋上画出竖向钢筋的分档位置线。

（4）绑其余竖向钢筋。按照横筋上标示的竖筋位置线，绑其余的竖向钢筋。竖向钢筋与下层伸出的搭接钢筋在搭接范围内需绑扎 3 根水平钢筋，搭接长度及搭接位置应符合设计要求。

（5）绑其余横向钢筋。按照立筋上标出的水平钢筋的分档位置线，绑扎其余的横向钢筋。横向钢筋在竖向钢筋的里面或外面，应符合设计要求。

剪力墙钢筋应逐点绑扎，双排钢筋之间应绑拉筋或支撑筋，拉筋的纵横向间距不大于 600mm。

（6）绑扎垫块。在钢筋外皮绑扎垫块或用塑料卡卡在外筋上，以保证钢筋的混凝土保护层厚度。

（7）合模后的钢筋修整。合模后对伸出的竖向钢筋进行修整，并宜在搭接处绑一根横向定位钢筋，浇注混凝土时应有专人看管，浇注后再次调整，以保证钢筋位置的准确。

五、钢筋网的制作与安装

钢筋网分为焊接钢筋网和绑扎钢筋网两种。焊接钢筋网多在车间加工，也可以在现场加工场地进行加工；绑扎钢筋网大多在现场制作而成。钢筋网加工制作完成后，即可进行安装。

钢筋网的分块应根据结构配筋的特点和起重运输能力而定，一般钢筋网的分块面积以 $6\sim20\text{m}^2$ 为宜。

下面以图 6-13、图 6-14 为例，介绍钢筋网片的制作与安装过程。

图 6-13　钢筋网片断面

（1）制作模具。根据现场情况选料制作，一般多用木方制作。根据设计要求的钢筋纵横间距，在木方上开槽。

（2）摆放钢筋。钢筋网片如果布置在构件的下部并且钢筋端头有弯钩时，弯钩应朝上，如图 6-13 所示。如果钢筋网片需要布置在构件的上部并且钢筋端头有弯钩时，弯钩应朝下。

（3）绑扎。当钢筋网为单向受力的钢筋构件时，外围两行钢筋交叉点应每点绑扎，中间部分交叉点可采用梅花点绑扎，但必须保证受力钢筋不移位。当钢筋网为双向受力的钢筋网时，则需将全部钢筋相交点扎牢。绑扎时应注意相邻绑扎点的铁丝扣要呈 8 字形，以免网片歪斜变形。为了防止松扣，可适当加一些十字花扣或缠扣。

（4）设斜向支撑、吊点。为防止绑好的钢筋网在堆放、搬运、起吊和安装过程中发生歪斜变形，应采取临时加固措施，如

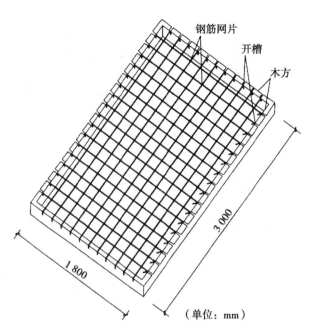

图 6-14 钢筋网片绑扎示意图

图 6-15 所示，可用钢筋斜向拉结临时固定，钢筋网安装固定后再拆除拉筋。

钢筋网的吊点应根据其尺寸、质量及刚度而定。宽度大于 1m 的水平钢筋网宜采用四点起吊。

（5）运输。现场以外加工制作的钢筋网应运输到施工现场，运输过程中，应捆扎整齐、牢固，每捆重量不应超过 2t。

（6）安装。钢筋网安装时，置于构件下部的钢筋网片应布置水泥砂浆垫块或塑料卡，以保证混凝土保护层厚度准确。置于构件上部的钢筋网片应在上层钢筋网片的下面设置钢筋撑脚或混凝土撑脚，以保证钢筋位置的正确，如图 6-16 所示。钢筋撑脚的布置宜每隔 1m 放置一个。

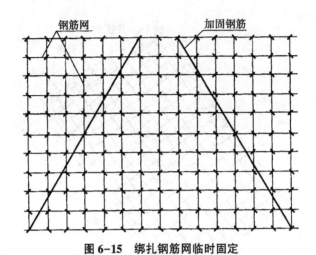

图 6-15　绑扎钢筋网临时固定

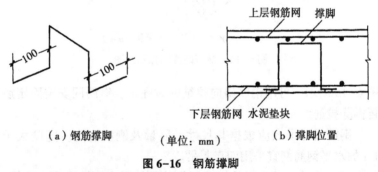

（a）钢筋撑脚　　（单位：mm）　　（b）撑脚位置

图 6-16　钢筋撑脚

六、钢筋骨架的绑扎与安装

为了加快施工进度，对于形状比较规整、型号相同且同型号构件数量较多的构件，如梁、柱、桩、杆等预制构件或现浇构件，可以采用先加工制作钢筋骨架后安装的施工方法。

如图 6-17 所示圈梁的钢筋骨架，如果采用先预制后安装的施工方法，则可以按下列步骤进行：

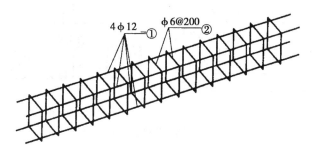

图 6-17　圈梁的钢筋骨架

（1）选用绑扎架。考虑到运输、吊装的方便，圈梁宜分段制作，再到现场搭接。分段长度应根据实际情况而定，一般不宜超过 6 m。

绑扎架的选用根据骨架的重量可选如图 6-4 所示的绑扎架。

（2）绑扎骨架。首先将上部的 2 根①号钢筋搁在两个绑扎架的横梁上，并在①号钢筋上画出箍筋的位置线；然后套入②号箍筋，按照箍筋的位置线将箍筋与①号钢筋绑扎；之后将下部的两根钢筋穿入箍筋内，并将其与箍筋绑扎牢固。绑扎时应保持箍筋与纵向钢筋垂直。

（3）运输、吊装。钢筋骨架在运输时，应保证骨架不变形。吊装时，跨度小于 6 m 的钢筋骨架宜采用两点起吊，跨度大、刚度差的钢筋骨架宜采用横吊梁（铁扁担）四点起吊，如图 6-18 所示。为了防止吊点处钢筋受力变形，可采用兜底吊或加短钢筋。

（4）安装。吊装就位时，应保持相邻段的搭接长度，调整就位后，可选用叠接法和扣接法绑扎起来形成连续整体骨架。

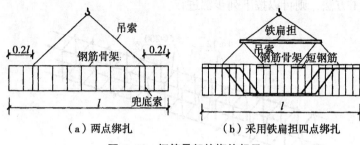

（a）两点绑扎 （b）采用铁扁担四点绑扎

图6-18 钢筋骨架的绑扎起吊

第七章　钢筋质量检查与事故预防

第一节　原材料及加工的质量事故预防

一、原材料的质量事故的预防及处理

（一）钢筋的品种、等级混杂不清

1. 产生原因

入库前材料保管人员没严格把关，原材料管理混乱，制度不严，没按钢筋的种类、规格、批次分别验收堆放。

2. 防治措施

仓库保管人员应认真做好钢筋的验收工作，仓库内应按入库的品种、规格、批次、批号，划分不同的堆放区域，并做出明显标志，以便提取和查找。

（二）钢筋全长有局部缓弯或曲折

1. 产生原因

（1）运输车辆车身过短或装车时不注意。

（2）卸车时吊点不准。

（3）场地不平整，堆垛过重而压弯钢筋。

2. 防治措施

（1）使用车身较长的运输车辆。

（2）尽量采用吊架装车和卸车，卸车时吊点要正确。堆垛高度和重量应符合规定。

（3）对已弯折的钢筋可用手工或机械调直，Ⅱ级、Ⅲ级钢筋的调直要格外注意，调整不直或有裂缝的钢筋，不能用作受力钢筋。

（三）钢筋纵向有裂缝

1. 产生原因

钢筋的轧制工艺不良。

2. 防治措施

切取实样送生产厂家或专业质量检验部门检验。若化学成分和力学性能不合格，应及时退货或索赔。

二、钢筋加工的质量问题及其防治

（一）钢筋调直时表面损伤过度

1. 产生原因

（1）调直机上下压辊间隙太小。

（2）调直模安装不合适，使钢筋表面被调直模擦伤。

2. 防治措施

（1）保证调直机上下压辊间隙为 2~3mm。

（2）调直时通过试验确定调直模合适的偏移量。

（二）钢筋成型后弯折处有裂缝

1. 产生原因

（1）钢筋的冷弯性能不好。

（2）加工场地的气温过低。

2. 防治措施

（1）取样复查钢筋的，并分析其化学成分。

（2）加工场地冬季应采取保温措施，使环境温度在 0℃以上。

（三）钢筋切断尺寸不准

1. 产生原因

（1）机械切断时定尺卡板或刀片间隙过大。

（2）人工切断时量尺不准或样尺累积误差过大。

2. 防治措施

（1）机械切断时要拧紧定尺卡板的紧固螺钉。

（2）调整切断机固定刀片与冲切刀片之间的水平间隙，冲切刀片作水平往复运动的切断机，此间隙应以 0.5～1mm 为宜。

（3）人工切断时要先画线后切断，而且切断第一根后，要复核下料尺寸，正确无误才能批量生产。

（四）钢筋连切

1. 产生原因

钢筋切断机弹簧压力不足；传送压辊压力过大；钢筋下降压力大。

2. 防治措施

出现连切现象后，应立即停止工作，查出原因并进行及时修理后方可继续工作。

（五）钢筋切断时被顶弯

1. 产生原因

钢筋切断机弹簧预压力过大，钢筋顶不动定尺板。

2. 防治措施

（1）调整钢筋切断机弹簧的预压力，经试验合格后再工作。

（2）已被顶弯的钢筋，可以用手锤敲打平直后使用。

（六）弯曲成型后的钢筋变形

1. 产生原因

（1）成型钢筋往地面摔得过重或堆放场地不平。

（2）堆垛过高，搬运过于频繁。

2. 防治措施

（1）堆放场地要平整。

（2）按施工顺序的先后堆放，堆垛高度符合要求，搬运时轻拿轻放。

（3）已变形的钢筋可以放到成型台上矫正。

（七）弯曲成型后的钢筋尺寸不准或外形扭曲

1. 产生原因

（1）下料不准，画线方法不对或画线尺寸误差过大。

（2）手工弯曲时，扳距选择不当，角度控制没有采取保证措施。

（3）手工弯曲时，扳子操作不平，上下摆动造成弯曲钢筋扭曲。

2. 防治措施

（1）根据实施情况和经验预先确定下料长度调整值。

（2）制作切实可行的画线程序和必要的复核制度。

（3）手工弯曲时，扳距严格按规定执行，角度控制设可靠的保证措施。各种钢筋应先试弯，确定合适的操作参数后再批量生产。操作时手要平稳，弯曲过程中扳子不得上下摆动。

（4）变形已超标的钢筋，除Ⅰ级钢筋可以重新调直后再弯一次外，其他品种钢筋，不得调直后重新弯曲。

（八）加工的箍筋不规范

1. 产生原因

箍筋边长的成型尺寸与设计要求偏差过大，弯曲角度控制不严；加工后内角不方正或平面扭曲。

2. 防治措施

（1）操作前应先试弯，经检验合格后方可成批弯制。

（2）一次弯曲多根钢筋时，应逐根对齐。

（3）操作时，扳子要持平，不得上下摆动，以免成形的箍筋产生扭曲。

（4）已超标的箍筋，Ⅰ级钢筋可以重新调直后再弯1次，其他品种钢筋，不得调直后重新弯曲。

第二节　钢筋绑扎与安装的质量问题及其防治措施

一、钢筋绑扎的质量问题及其防治

（一）钢筋的搭接长度不够

1. 产生原因

操作人员对钢筋搭接长度的要求不了解或虽了解但执行不力。

2. 防治措施

加强对操作人员的培训，提高认识，掌握标准；操作时严格自检，每个接头逐个测量检查搭接长度是否符合设计要求。

（二）钢筋接头位置错误或接头过多

1. 产生原因

（1）不熟悉有关绑扎、焊接接头的规定。例如，造成图7-1（a）所示的柱箍筋接头位置同向错误。

（2）配料时不细心，没分清受拉区和受压区，造成同截面接头过多。

2. 防治措施

（1）配料时应根据库存情况，结合设计要求确定合理的搭配方案。

（2）预先编制施工方案，根据构件的不同和不同形式的钢筋按设计要求安排接头位置和接头数量。

（3）进行详尽的技术交底，并落实到人。

（4）发现问题，尚未绑扎的应坚决改正；已绑扎好的，应

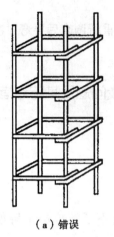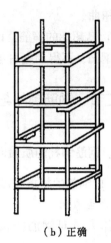

（a）错误　　　　　　　　（b）正确

图 7-1　柱箍筋接头位置

拆除重绑。图 7-1（b）是柱箍筋接头错开的正确绑法。

（三）弯起钢筋的放置方向放反

1. 产生原因

（1）操作人员缺乏力学与结构的有关知识。

（2）技术交底不清。

（3）钢筋入模时，疏忽大意，造成图 7-2 所示的方向性错误。图 7-2（a）是图纸要求的摆法，图 7-2（b）疏忽大意将方向搞反了；图 7-2（c）所示的外伸梁中，弯起钢筋上部两端的直线部分长是不一样的，本应按图 7-2（c）放，却放成图 7-2（d）所示的错误摆法。

2. 防治措施

（1）操作人员应学习基本的力学与结构的有关知识。

（2）进行详细技术交底，并加强重点部位和重点钢筋的检查与监督。

（3）已发现的错误要坚决拆除改正；已浇筑混凝土的构件

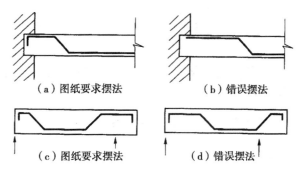

（a）图纸要求摆法　　　　　　（b）错误摆法

（c）图纸要求摆法　　　　　　（d）错误摆法

图 7-2　弯起钢筋方向错误

要逐根凿开检查，经设计部门检查确定是否报废或降级使用。

（四）箍筋的间距不一致

1. 产生原因

（1）机械地按设计的近似值绑扎。

（2）操作前不放线。

2. 防治措施

（1）操作前应根据实测尺寸画线作为绑扎的依据。

（2）已绑好的钢筋骨架发现箍筋间距不一致时，可以做局部调整或增加 1~2 个箍筋。

（五）钢筋漏绑

1. 产生原因

（1）施工管理不严，质量检查制度不健全。

（2）操作前未做详细的技术交底。

（3）自检和互检制度不落实。

2. 防治措施

（1）严格施工管理和各项质量检查制度。

（2）操作前要按钢筋配料表核对现场钢筋是否齐全，并编制严格的施工方案。

（3）进行详细的技术交底。

（4）绑扎完毕后要仔细检查施工现场，检查是否有漏绑的钢筋。

（5）漏绑的钢筋必须全部补上，不能补上的应会同设计部门商讨确定处理方案。

二、钢筋安装的质量问题及其防治

（一）钢筋骨架外形尺寸不准

1. 产生原因

（1）加工时各类钢筋外形不正确。

（2）安装质量不符合要求。

2. 防治措施

（1）严格控制各类钢筋的加工质量，保证外形正确。

（2）安装时多根钢筋的端部要对齐，防止钢筋绑扎偏斜或骨架扭曲。

（3）质量不符合要求的钢筋骨架，可将不符合要求的个别钢筋松扣重绑。切忌用锤子乱敲，以免其他部位的钢筋发生变形或松动。

（二）保护层厚度不准确

1. 产生原因

（1）垫块的厚度不准。

（2）垫块的数量和位置不符合要求。

2. 防治措施

（1）生产水泥砂浆垫块时要严格控制各种规格的厚度。

（2）水泥砂浆垫块的数量和位置要符合施工规范的要求，并绑扎牢固。

（3）浇筑混凝土时，要派人观察垫块的情况，发现脱落或松动，应及时采取补救措施。

（三）墙、柱外伸钢筋位移

1. 产生原因

（1）外伸钢筋绑扎后，没采用固定措施或固定不牢靠。

（2）浇筑混凝土时，振捣器碰撞钢筋，又不及时修正造成钢筋位置偏移。

2. 防治措施

（1）外伸钢筋绑扎后，应在外部加绑一道箍筋，然后用固定铁卡或方木固定。

（2）浇筑混凝土时，振捣器不要碰撞钢筋，发现钢筋位置偏移时要及时采取措施加以修整。

（3）已发生偏移的钢筋，处理方法必须经设计人员同意。一般可采取图7-3和图7-4所示的方法调整钢筋位置，使其符合设计要求。

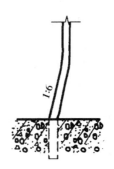

图7-3　墙体钢筋位置偏移调整示意

（四）钢筋网主次筋位置放反

1. 产生原因

（1）操作人员缺乏必要的结构知识。

（2）操作前未做技术交底。

（3）操作疏忽大意，不分主次筋，随意将钢筋放入模内，

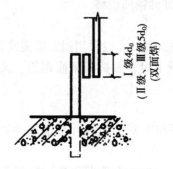

图 7-4　柱竖筋偏移调整示意

造成图 7-5 所示的错误。

2. 防治措施

（1）操作前，向直接操作人员专门交底。

（2）已放错方向的钢筋，未浇筑混凝土的要坚决改正；已浇筑混凝土的必须通过设计部门复核后，再决定处理方案。

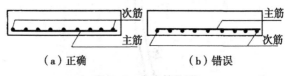

（a）正确　　　　　　　　（b）错误

图 7-5　主次筋位置

（五）梁的箍筋被压弯

1. 产生原因

梁很高大时，如图纸上未设纵向构造钢筋或拉筋，箍筋很容易在钢筋骨架的自重或施工荷载作用下被压弯。

2. 防治措施

（1）当梁的高度大于 700mm 时，应在梁的两侧沿高度每隔300~400mm 设置 1 根直径不小于 10mm 的纵向构造钢筋（俗称"腰筋"）。纵向构造钢筋用拉筋连接，如图 7-6 所示。

（2）箍筋已被压弯时，可将箍筋压弯的钢筋骨架临时支上，补充纵向构造钢筋和拉筋。

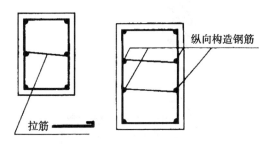

图 7-6　在箍筋压弯的钢筋骨架上设置纵向构造钢筋

（六）拆模后露筋

1. 产生原因

（1）垫块太稀或浇筑混凝土过程中脱落。

（2）钢筋骨架的外形尺寸不准，局部挤触摸板。

（3）浇筑混凝土时，振捣器碰撞钢筋，使钢筋位移、松绑而挤靠摸板。

（4）操作人员责任心不强，造成漏振部位露筋。

2. 防治措施

（1）垫块要按施工规范要求的数量和位置安放，并绑扎牢固。

（2）钢筋骨架的外形尺寸不准时，应用铁丝拉向模板，用垫块挤牢，如图 7-7 所示，避免钢筋局部挤触摸板。

（3）浇筑混凝土时，振捣器不要碰撞钢筋，发现垫块松动或脱落应及时修补。

（4）已产生露筋的地方，按照露筋的部位、深度、宽度等情况按施工规范的要求作相应处理。

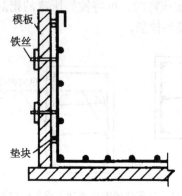

图 7-7　露筋防治

（七）结构或构件中预埋件遗漏或错位

1. 产生原因

（1）不熟悉图纸。不掌握预埋件的数量和埋设位置。

（2）未向直接操作人员交底。

（3）操作人员责任心不强，漏放、错放或加固不牢。

2. 防治措施

（1）事前要熟悉图纸。掌握预埋件的数量和埋设位置，并绘制安放图。

（2）向直接操作人员做详细的交底，并确定加固方法。

（3）操作后要加强检查，避免漏放、错放或加固不牢现象的产生。

（4）浇筑混凝土时，振捣器不要碰撞预埋件，有关人员互相配合，发现问题及时更正和补救。

（八）构件上的吊环被拉断及拉豁拔出

1. 产生原因

（1）用 HRB335 以上钢筋或冷加工钢筋制作吊环，这些钢筋的塑性差，容易脆断。

（2）吊环在构件中的位置及埋入的深度不合理。

2. 防治措施

（1）应用塑性好的钢筋制作吊环。

（2）吊环的位置应根据其受力状态确定，一般应置于受力钢筋的下面，使吊环能将力传递给整个钢筋骨架，如图 7-8 所示。吊环埋入构件的深度，不得小于吊环钢筋直径的 30 倍。

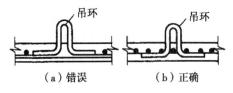

（a）错误　　　　　（b）正确

图 7-8　吊环应放在受力钢筋的下面

（3）吊环应放在主筋的内侧，不允许放在混凝土保护层内，如图 7-9 所示。吊环下端的弯钩应带有平直部分，否则，将不能有效地钩挂钢筋骨架，如图 7-10 所示。

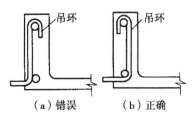

（a）错误　　　　　（b）正确

图 7-9　吊环应放在主筋内侧

（4）吊环与钢筋骨架应采用铁丝绑扎牢固，以防施工过程互相碰撞。浇筑混凝土时，有吊环处的混凝土必须浇捣密实，否则，将影响锚固效果。当模板在吊环处开豁口时，装完吊环后应将吊环两根钢筋的中间孔洞堵上，防止漏浆。

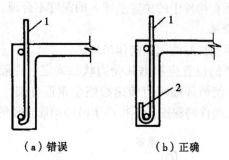

（a）错误　　　　　　（b）正确

图 7-10　吊环弯钩应带平直部分

1. 吊环；2. 平直部分

参考文献

樊锡仁.1992.建筑施工安全问答［M］.北京：中国建筑工业出版社.

建筑施工手册（第四版）编写组.2003.建筑施工手册（第四版）［M］.北京：中国建筑工业出版社.

杨旭.1989.简明中国职业名称辞典［M］.哈尔滨出版社.